给建筑师的思想家读本

建筑师解读 本雅明

[美] 布赖恩·埃利奥特　著

金秋野　译

U0293110

中国建筑工业出版社

著作权合同登记图字：01-2011-5501号

图书在版编目（CIP）数据

建筑师解读本雅明／（美）埃利奥特著；金秋野译 . —北京：中国建筑工业出版社，2017.3
（给建筑师的思想家读本）
ISBN 978-7-112-20358-1

Ⅰ.①建…　Ⅱ.①埃…②金…　Ⅲ.①本雅明（Benjamin，Walter 1892—1940）—建筑哲学—思想评论　Ⅳ.①TU-021②B516.59

中国版本图书馆CIP数据核字（2017）第012905号

Benjamin For Architects / Brian Elliott，ISBN 13 978-0415558150

Copyright © 2011 Brian Elliott

All rights reserved. Authorized translation from the English language edition published by Routledge，a member of the Taylor & Francis Group.

Chinese Translation Copyright © 2017 China Architecture & Building Press

China Architecture & Building Press is authorized to publish and distribute exclusively the Chinese (Simplified Characters) language edition. This edition is authorized for sale throughout China. No part of the publication may be reproduced or distributed by any means，or stored in a database or retrieval system，without the prior written permission of the publisher.

本书中文简体字翻译版由英国Taylor & Francis Group出版公司授权中国建筑工业出版社独家出版并在中国销售。未经出版者书面许可，不得以任何方式复制或发行本书的任何部分。

Copies of this book sold without a Taylor & Francis sticker on the cover are unauthorized and illegal.
本书贴有Taylor & Francis Group出版公司的防伪标签，无标签者不得销售

责任编辑：戚琳琳　董苏华　李　婧
责任校对：王宇枢　张　颖

给建筑师的思想家读本
建筑师解读　本雅明
[美]　布赖恩·埃利奥特　著

金秋野　译

＊

中国建筑工业出版社出版、发行（北京海淀三里河路9号）
各地新华书店、建筑书店经销
北京京点图文设计有限公司制版
北京云浩印刷有限责任公司印刷

＊

开本：880×1230毫米　1/32　印张：5½　字数：130千字
2017年6月第一版　2017年6月第一次印刷
定价：29.00元
ISBN 978-7-112-20358-1
（29894）
版权所有　翻印必究
如有印装质量问题，可寄本社退换
（邮政编码 100037）

献给加布里埃尔（Gabrielle）——引导我走出迷宫的人

目　录

丛书编者按

亚当·沙尔（Adam Sharr）

　　建筑师通常会从哲学界和理论界的思想家那里寻找设计思想或作品批评机制。然而对于建筑师和建筑专业的学生而言，在这些思想家的著作中进行这样的寻找并非易事。对原典的语境不甚了了而贸然阅读，很可能会使人茫然不知所措，而已有的导读性著作又极少详细探讨这些原典中与建筑有关的内容。这套新颖的丛书，则以明晰、快速和准确地介绍那些曾讨论过建筑的重要思想家为目的，其中每本针对一位思想家在建筑方面的相关著述进行总结。丛书旨在阐明思想家的建筑观点在其全部研究成果中的位置，解释相关术语以及为延伸阅读提供快速可查的指引。如果你觉得关于建筑的哲学和理论著作很难读，或仅是不知从何处开始读，那么本丛书将是你的必备指南。

　　"给建筑师的思想家读本"丛书的内容以建筑学为出发点，试图采用建筑学的解读方法，并以建筑专业读者为对象介绍各位思想家。每位思想家均有其与众不同的独特气质，于是丛书中每本的架构也相应地围绕着这种气质来进行组织。由于所探讨的均为杰出的思想家，因此所有此类简短的导读均只能涉及他们作品的一小部分，且丛书中每本的作者——均为建筑师和建筑批评家——各集中探讨一位在他们看来对于建筑设计与诠释意义最为重大的思想家，因此疏漏不可避免。关于每一位思想家，本丛书仅提供入门指引，并不盖棺论定，而我们希望这样能够鼓励进一步的阅读，也即激发读者的兴趣，去深入研究这些思想家的原典。

"给建筑师的思想家读本"丛书已被证明是极为成功的，目前已经出版八卷，探讨了多位人们耳熟能详，且对建筑设计、批评和评论产生了重要和独特影响的文化名人，他们分别是吉尔·德勒兹[①]、菲利克斯·瓜塔里[②]、马丁·海德格尔[③]、露丝·伊里加雷[④]、霍米·巴巴[⑤]、莫里斯·梅洛庞蒂[⑥]、沃尔特·本雅明[⑦]和皮埃尔·布迪厄。目前本丛书仍在扩充之中，将会更广泛地涉及为建筑师所关注的众多当代思想家。

亚当·沙尔目前是英国纽卡斯尔大学（University of Newcastle-upon-Tyne）建筑学教授的高级讲师、亚当·沙尔建筑事务所（Adam Sharr Architects）首席建筑师，并与理查德·维斯顿（Richard Weston）共同担任剑桥大学出

[①] 吉尔·德勒兹（Gilles Deleuze，1925-1995年），法国著名哲学家、形而上主义者，其研究在哲学、文学、电影及艺术领域均产生了深远影响。——译者注

[②] 菲利克斯·瓜塔里（Félix Guattari，1930-1992年），法国精神治疗师、哲学家、符号学家，是精神分裂分析（schizoanalysis）和生态智慧（ecosophy）理论的开创人。——译者注

[③] 马丁·海德格尔（Martin Heidegger，1889-1976年），德国著名哲学家，存在主义现象学（existential phenomenology）和解释哲学（philosophical hermeneutics）的代表人物，被广泛认为是欧洲最有影响力的哲学家之一。——译者注

[④] 露丝·伊里加雷（Luce Irigaray，1930年-   ），比利时裔法国著名女权运动家、哲学家、语言学家、心理语言学家、精神分析学家、社会学家、文化理论家。——译者注

[⑤] 霍米·巴巴（Homi，K. Bhabha，1949年-   ），美国著名文化理论家，现任哈佛大学英美语言文学教授及人文学科研究中心（Humanities Center）主任，其主要研究方向为后殖民主义。——译者注

[⑥] 莫里斯·梅洛-庞蒂（Maurice Merleau-Ponty，1908-1961年），法国著名现象学家，其著作涉及认知、艺术和政治等领域。——译者注

[⑦] 沃尔特·本雅明（Walter Benjamin，1892-1940年），德国著名哲学家、文化批评家，属于法兰克福学派。——译者注

版社出版发行的专业期刊《建筑研究季刊》(Architectural Research Quarterly)的总编。他的著作有《海德格尔的小屋》(Heidegger's Hut)(MIT Press,2006年)和《海德格尔：建筑读本》(Heidegger for Architectus)(Routledge,2007年)。此外,他还是《失控的质量:建筑测量标准》(Quality out of Control: Standards for Measuring Architecture)(Routledge,2010年)和《原始性:建筑原创性的问题》(Primitive: Original Matters in Architecture)(Routledge,2006年)的主编之一。

致 谢

近些年来，我得到很多机会，在教学中或其他场合讲授我对本雅明建筑思想的研究。伊斯坦布尔比尔基大学（Istanbul Bilgi University）的佛尔达·科斯金（Ferda Keskin）开设了一门关于视觉艺术的课程，我有幸参与其中。在此要特别感谢比尔基大学的研究生们，他们热情又一丝不苟。也正是从那个时候起，我参与了伊斯坦布尔理工大学（Istanbul Technical University）的"伊斯坦布尔碎片"项目，使我能够对这个城市的拱廊进行深入探索。在国立都柏林大学（University College Dublin），我曾与休·坎贝尔（Hugh Campbell）、道格拉斯·史密斯（Douglas Smith）和吉莉安·派（Gillian Pye）一道工作，致力于在建筑与人文之间架设桥梁，这为我带来了灵感。

自从移居美国之后，安德鲁·卡特菲洛（Andrew Cutrofello）和罗博·古尔德（Rob Gould）给我提供了很多帮助，他们对我来说非常重要，我也非常感谢。也要谢谢俄勒冈大学（University of Oregon）的布鲁克·穆勒（Brook Muller）为本书初稿的前三章提供宝贵的意见。我也要感谢丛书的编者亚当·沙尔，他对我的研究一直保持信心。还要感谢 Routledge 出版社的乔治娜·约翰逊－库克（Georgina Johnson-Cook）女士，她彬彬有礼且效率惊人，帮助本书从手稿变成了印刷品。

最后，我要把最诚挚的感谢献给我的妻子，加布里埃尔。没有她，我就不会来到这里，正如里尔克（Rilke）所说：此间是美好的。

导　言

对于一位实践建筑师或建筑教育的从业者来说，有 什么必要去了解德国犹太思想家沃尔特·本雅明（Walter Benjamin）的作品和思想呢？毕竟，当这位人物在1940年走到人生的终点之际，他的著作（主要是文学评论）只在欧洲知识分子的小圈子里为人所知，范围非常有限。与他的同代人马丁·海德格尔（Martin Heidegger）不同，本雅明从未创造出足以在学术界内外引起轰动的、石破天惊的哲学理论。20世纪20年代法兰克福学派的批评理论初具规模之际，他也没有显山露水，实际上，就算是"成为大学教授"这个最基本的生存理想，他也没能实现。更糟糕的是，他把自己生命的最后15年奉献给一项关于19世纪巴黎的研究项目，却并没有给这一研究制定明确的期限，也没什么目的，甚至没有清晰的理论目标。在他最亲密的朋友们看来，这完全是在浪费时间。

但本雅明无疑是20世纪对建筑和城市状况进行深入思考的最重要的思想家之一。研究本雅明的思想，能为实践建筑师和学生提供以下几个方面的帮助：关于现代性和现代主义的深邃精微的反思；关于人造环境对社会政治造成的冲击的详细分析；关于建筑作为个人与集体文化记忆交集的中介物和储存器的深入思考。**最重要的是，本雅明的建筑思想唤起了关于代际间建筑正义和责任的探讨。**想想今天我们不断谈到的建筑的可持续性问题，重温本雅明关于建筑代际正义的思考可谓无比适时又切中时弊。

　　尽管本雅明从来都不是"社会研究所"（Institute of Social Research）的正式在编成员，他却一直从这个机构领取薪水。在本雅明生命的最后几年，他最重要的研究成果也都发表在研究所的内部刊物上。"社会研究所"1923年成立于法兰克福，最初是受到乔治·卢卡奇（Georg Lukács）的马克思主义著作《历史与阶级意识》（History and Class Consciousness）的感召，旨在将哲学研究与经验主义的社会研究整合在一起。1930年，马克斯·霍克海默（Max Horkheimer）成为法兰克福学派的领袖，他发表了一篇重要的文章，从此以后，这个学派的研究方向就被人们称为"批判理论"。

　　本雅明的研究在行文上虽与"批判理论"不同，但在精神内核上其实与它有着密切的关联。他对现代文化作出的分析与通行的社会保守主义论调大相径庭。比方说，本雅明曾敏锐地意识到现代技术具有解放的潜力，这预示着批判理论家马尔库塞（Herbert Marcuse）在20世纪60年代提出的假说，即集体主义的、以审美来驱动的社会形态是完全可能实现的。可是终其一生，法兰克福学派两位最有影响力的资深成员西奥多·阿多诺（Theodore Adorno）和霍克海默（Horkheimer）都对本雅明的研究表达了深深的疑虑，特别是对他用以建立他的理论框架的方法论基础难以认同。从近些年人们对本雅明研究表现出的高度的兴趣和评价来看，本雅明当年一意孤行对抗阿多诺等法兰克福学派学者强加给他的理论教条是多么正确。**最让人吃惊的莫过于，每当读到本雅明的理论文本，人们都会惊讶于他的文字的清新和时代感。跟许多20世纪的理论文献不同，本雅明的思想并没有陷于历史的泥沼而切断与后世的关联，直到今天，它仍能为我们昭示通往未来的道路。**

从 1920 年代中期对柏林、莫斯科和那不勒斯等城市的研究开始，直到生命的最后 10 年中对重建巴黎的狂迷，本雅明生命中的迫切主题一直是现代城市化进程在社会文化方面的巨大冲击。引起他思考巴黎这个成熟命题的理论资源多得令人吃惊，其中包括夏尔·波德莱尔（Charles Baudelaire）和与他同时代的其他人的诗歌；马克思、恩格斯和早期空想社会主义者的著作；19 世纪历史学家的研究成果；城市导览手册、人物传记，还有大量来自于日常生活的杂乱材料，如稍纵即逝的流行文化等。同时，本雅明也密切关注跟他同时代的巴黎前卫艺术家群体，特别是超现实主义者们，这一团体在 20 世纪 20 年代早期由安德烈·布列东（André Breton）创立。最后，他的灵感来自于先锋城市社会学理论家格奥尔格·齐美尔（Georg Simmel）发表于 1903 年的文章《大都会与精神生活》（The Metropolis and Mental Life），这篇文章关注现代城市化过程的社会影响。与齐美尔着重探讨现代大都会让人精神疲惫、使人麻木不仁的效果不同，本雅明更关注城市环境中的社会变形及革命前景。尽管本雅明的理论核心——19 世纪的巴黎与当今建筑学的关注重心相去甚远，我们不能忘记的是，他的终极目标是追溯现代生活诞生之初的物质条件和文化条件。简言之，**本雅明内心有一个潜在的目标，是为城市文明撰写"家族史"。**在这个过程中，所有的线索都指向 19 世纪 50 年代到 60 年代的巴黎，由奥斯曼（Baron Haussmann）主持的那场空前绝后的城市大改造。

奥斯曼的城市实验将以更大的规模席卷欧洲，乃至全世界。在这场革命中，我们看到了后来建造过程中必不可少的现代工程师制度。本雅明比奥斯曼晚了好几代，但他在披览这些前代功业的历史记录的时候，不禁心潮澎湃，仿佛亲眼目睹现代创生时刻的种种波澜壮阔，并立志复现这一过程。本雅明的《拱廊计划》（Passagen-Werk，英文为 Arcades Project，或简称 AP）（即便从德文的字面意思来看，也是不断进行中的状态）因此不是置身事外、冷静客观的艺术—史学重构，而是被一种日益紧迫的社会—政治动机所驱动的特殊研究。从 19 世纪开始蓬勃发展的工业技术，我们的未来只能建立在对它善加利用而不是一味排斥的基础之上。本雅明对此深信不疑，而这也正是 20 世纪 20 年代现代主义建筑的主导立场。但是，假如说现代性的本体是它的物质现实和技术创新，那么，它的精神原点则埋藏在历史更深处。就像他的同时代人和好友恩斯特·布洛赫（Ernst Bloch）一样，本雅明深信 19 世纪的现代性和 20 世纪的现代主义的驱动力都来自人类群体性的乌托邦愿景：全人类都无意识地渴盼着海清河晏、天下承平。至此，对现代建筑的理解，绝不能止步于现成的功能主义和物质应用，以及被标准化制造所支持的经济尺度层面。这样，本雅明就超越了通常的功能主义—表现主义二元认识论，他所理解的现代建筑，就同时具有材料—功能和象征—乌托邦两个维度，二者扮演着同样重要的角色。

5　**反观目下后现代也已濒于穷途的现实，我们不得不反思"后"之前到底发生了什么，而深究这件事的源头，正是对现代主义的含义的重新评估。在这方面，没有任何人比本雅明更能引领我们上溯到问题的原点。**

　　2006 年 4 月到 7 月间，伦敦维多利亚和阿尔伯特博物馆（Victoria and Albert Museum）举办了题为"现代主义：设计一个新世界，1914-1939"的展览。第二年，该展览稍作调整，移师华盛顿特区的柯克兰画廊（Corcoran Gallery）。主办方称之为"关于这一主题的全美最大规模的综合性展览"，而其真正引人注目的地方，在于展品锁定在日常物品和建筑设计上面，而不是传统意义上的视觉艺术特别是绘画作品。维多利亚和阿尔伯特博物馆线上平台以一种毋庸置疑的现代主义高调口吻作出了以下阐述，以宣示现代主义的持续在场：

> 21世纪初，我们同现代主义之间的关系可不简单。我们今天赖以生存的物质环境，很大程度上都是现代主义塑造的。我们住的房子，我们坐的椅子，环绕在我们身边的平面设计，都是现代主义的产物，都是现代美学和思想意识作用下创生出来的。我们生活的时代还是依"现代主义"而获得自己的名字，无论它叫"后现代"还是"后后现代"。（www.vam.ac.uk/vastatic/microsites/1331_modernism）

这样来定义"现代"，既不是站在"伟大的个人主义"立场上，也没有祭出一大堆令人费解的"主义"大词。相反，它用凝固在日常物质文化中的细枝末节来见证，甚至已经在很大程度上成了一种根深蒂固的习惯。这种看法，与本雅明对它的感受何其相似。本书的核心任务之一，即是从当代建筑学与知性文化的角度，审视本雅明对现代主义的复杂态度。它至今与我们息息相关。

本书的内容大体上是专题式的，当然也遵循一条松散的时间之线。尽管我们的讨论涵盖了不同时期的很多文本，主要的关注点仍然集中于本雅明在20世纪30年代成熟期的思想和作品。

任何关于本雅明与建筑相关性的研究都会以很大篇幅着重谈到《拱廊计划》。只有当读者对这一计划有了相当的了解，才能读懂本雅明那些最著名的作品，如《机械复制时代的艺术作品》（Art work in the Age of Mechanical Reproducibility）。这将带来一个严重的问题：《拱廊计划》是本雅明采用电影中的蒙太奇手法故意写成的支离文本。况且，组成它的一大部分材料直接取自其他文献，只有一小部分是由本雅明自己撰写的。阿多诺曾在给朋友的信中抱怨本雅明顽固地拒绝清晰的理论建构。可是我们已经认识到本雅明在理论方面自我抑制的真实原因。不难理解，只有通过这样的方式，本雅明才能通过推演和虚构的过程得出他独有的那种建筑理论和城市经验。这个过程有点类似于犯罪现场的还原，开始都是捕风捉影，慢慢得到更多线索，把那些蛛丝马迹连缀起来，最后居然成为一个前后连贯、无懈可击的完整叙事。

尽管我在此并不想抹杀本雅明思想的复杂多面，我仍想**重点突出它与建筑学的关系。在这个方面，最典型的例子就是本雅明所谓的"从资产阶级居所到现代住宅的转变"。**20 世纪 30 年代，这一观点反复出现在本雅明发表和未发表的大量论著里。似乎本雅明是想把自己的童年经验清晰地表达出来。这一经验以各种各样的方式预言了他日后的工作，并影响了他，使他在日后与城市环境遭遇之时做出特定的反应。但是，从"居所"到"住宅"的转变，也正是很多本雅明的同时代知识分子的切身感受，他们本应从中辨认出他们自身作为一个"社会阶层"的地位已危如累卵。1929 年本雅明关于超现实主义的文章的副标题中，他将这一运动描写为"欧陆知识分子的最后群像"。相应地，**居所的消亡也可以看作知识分子阶层社会存在的危机，而艺术家和建筑师正是这个群体的一个组成部分。**最后，这一转变发生之日，正是现代建筑的倡导者毫不含糊地大声疾呼，要用删去了全部装饰的朴素"居住机器"对抗维多利亚时代披金挂银、陈腐不堪的中产阶级浮华家居环境之时。这也意味着人道主义和工业技术的产物其实是可以达成统一阵线的，因而不必再本能地抗拒工业技术，将之视为与生俱来与人性背道而驰的东西。

既然本书的核心内容是关于本雅明建筑思想中"从居所到住宅的转变"，在第1章中，我们就来回顾一下本雅明自传性的文字中关于儿时的居所——那个上层中产阶级家庭的室内环境的回忆。接着，我们也会涉及年轻时代的本雅明对于那不勒斯或莫斯科这样的城市的记述。在那不勒斯，本雅明见识了地中海工人阶级文化的外向奔放，与他早年在欧洲北部寒冷地区那种偏于室内生活的、离群索居的文化迥然有别。在莫斯科，他遇到了现代主义革命精神感召之下轰轰烈烈的城市重建运动。**跟海德格尔那种充满了浪漫愁绪的前工业时代乡村梦相比，本雅明肯定了现代主义建筑是一种进步的社会力量。它把19世纪腐朽的资产阶级室内装饰一扫而空，洋溢着一种从社会与道德的双重束缚中解放出来的快乐情绪。现代建筑设计中那自由的室内空间光明磊落，祛除了盘踞在家庭生活中的梦魇，将19世纪的历史荡涤一空。**

本书第2章谈到了本雅明向马克思主义社会革命的靠拢。接着，在第3章中，我们来探讨现代主义者对人造环境的解放，以及超现实主义与纯粹主义之间的紧张关系。在第4章中，我们探讨现代建筑的乌托邦维度。这一部分内容跟曼弗雷多·塔夫里（Manfredo Tafuri）自20世纪70年代开始的研究以及城市社会主义者戴维·哈维（David Harvey）近期的研究都有关联。本雅明抛弃了附加在艺术家/建筑师身上的孤独天才的形象符号，引领我们思考建筑设计的本质，是作为人们对美好生活的集体期待的结果而存在的。但是，本雅明对资本主义经济状况下美好理想的实现程度并未存有不切实际的幻想。他深知这些期待是如何在现实中遭遇挫折的，但他坚持认为只要付出真诚的努力，将设计方案物化为真实建造的方方面面都考虑清楚，集体乌托邦的理想终能实现。在第5章中，我们讨论的是本雅明对公众参与问题的思想贡献。尽管现代主义建筑的外部意识形态通常被认为是精英式的、本质上否定公众参与的，本雅明却并不这么认为。本雅明与现代建筑之间的联姻，真正具有原创性和启发意义的地方，就在于他并没有把建筑学完全还原到其意识形态功能上去。

本雅明对建筑的辩证态度，在于他既反对任何抽象简化的环境决定论思想，也不赞同非唯物主义的空想。在理论上，这至少与当代的城市生态学研究彼此合拍。但是本雅明能将社会革命同艺术活动和建设性行为联系在一起，且有理有据。在他著名的论文《历史哲学论纲》（On the Concept of History）中，本雅明强烈地捍卫革命的诉求，为此将勒·柯布西耶（Le Corbusier）犹疑不决、前后断裂的立论"建筑，要么革命"（Architecture or Revolution）改成斩钉截铁、前后一致的立论"建筑，并且革命"（Architecture and Revolution）。用更具体的话来说，本雅明的思想可以被理解为在处理"作为手段的建筑"的问题。这一问题在 20 世纪 70 年代随着席卷世界的经济危机而变得尖锐，引起人们持久的注意，其实一直潜伏在本雅明所有关于艺术和城市状态写作的字里行间。他本人关于艺术生产的积极看法，反对任何将生产者与消费者进行严格区分的企图，在《作为生产者的作者》（The Author as Producer）中有最为清晰的表述。换成跟建筑相关的说法，这意味着一种状况，即置身其中的每一位社会成员或多或少都会对自身的居住条件有主动的影响。这一看法跟当前的观念也不谋而合，尤其是人们越来越关注小尺度社群和区域可持续性问题。虽然我们不能指望在本雅明的研究中找到对草根阶层社会住宅问题的具体解决方案，他仍然有助于我们思考现代主义革命的全部内涵。这场革命首先是由建筑师引领的，近几十年来，开路先锋的角色转移到各种反对派和后现代主义者身上。**本雅明也预言了城市环境领域 20 世纪 60 年**

代才出现的"心理地理学"研究方向，把我们拉回到熙熙攘攘的街道，从而获得力量，去抵抗计算机建模和工作室设计模式带来的心理问题——**过度抽象，剥离现实**。

总而言之，任何关注与建筑相关的历史、文化、社会、 10
政治问题及其复杂性的人，深入研究沃尔特·本雅明的著作都不会失望而归。他定能从中发现与时代息息相关的思想命题。本雅明对现代城市的分析、对早期现代主义运动的探索、关于代际正义的思考、关于现代技术的社会效果以及对现代建筑的进步潜力的洞察，都让他的写作与今天发生着遥远的回响，其光芒并未被 20 世纪诸多欧洲思想家所掩盖。于尔根·哈贝马斯（Jügen Habermas）在 20 世纪 80 年代曾断言，现代性是一项"远未完成的计划"。设若此言属实，那么可以肯定，没有任何人比本雅明更有资格为建筑师提供正确的方法，去跟现代性状况的齿轮相啮合，保持灵活精准的运转，因为人类迄今仍走在通往现代性的未竟之路上。

大都会理论和方法

童年图景

在《1900 年前后柏林的童年》(Berlin Childhood around 1900) 一书中，本雅明写道："我在大都会中度过的童年的一张张画面，也许在其最深处隐藏着来日的历史经验。"(Benjamin 2002: 344) 一位写作者，唯有像本雅明那样熟悉其周遭的物质环境的特殊性，方能懂得这个试探性的词"也许"中包含的深不可测的经验到底意味着什么。我们将会看到，本雅明深信历史经验（同时包括个人的和集体的）唯有通过附加在物质对象身上的"图景"才成为可能，这一观点随着他年齿的增长而愈加根深蒂固。意识到度过了童年时代、且到成年期仍居住于斯的物质环境注定并不能永久存在，心底的忧虑定会与日俱增。毫无疑问，本雅明的历史观念必然与这份忧虑密切相关。

在本书的开篇，我们需要对塑造本雅明的经验和思想的大都会环境进行一番考察。**本雅明的个人传记，基本上就是一个地点的大汇编：关于人生的写作与关于地点的写作彼此纠缠在一起。**在他晚期的作品中，他自己清晰地说明了这一特征。但是，关于城市的写作，却不能简单地看作个人生活的记录。在本雅明之前，至少有一个世纪的时间里，作家和理论家们无不竭尽全力去记录和表述这一份大都会生活的经验，认识到这一点至关重要。城市的发展前所未有，横扫所有的工业国家，它也让社会层面巨大的活力迸发出来，人们未尝预料到这种效果。本雅明对大都会异常敏感，同时对现代城市史、文学和理论都相当熟谙。最终，他意识到必须从现代城市历史所决定的总体社会和政治现实来观察个人的发展脉络。本雅明形成这一看法的时期，正值欧洲建筑现代主义的一位先锋人物勒·柯布西耶说出那句戏剧性的论断"建筑，要么革命"的当口。两人的历史观念可谓南辕北辙。

我们接下来将回顾本雅明在 20 世纪 20 年代发表的关于一些不同城市的文章。在此之前，有必要先大致了解他的理论方法。本雅明的城市记述绝不是那种走马观花、天真好奇的文字。相反，他的城市文本被一种深深的期望所鼓动，试图记录下个体和集体的自我意象的寻回。他的行文又常引经据典，这一风格建立在他对文学和理论的熟谙与深刻理解之上。本雅明熟悉同时代的大作家们，如胡戈·冯·霍夫曼斯塔尔（Hugo von Hoffmannsthal）、赖内·马利亚·里尔克（Rainer Maria Rilke）和马塞尔·普鲁斯特（Marcel Proust），也熟悉他们在各自作品中捕获的意象。这使他逐渐明白，对于作者来说，作品中的自我寻回必须建立在儿时记忆的基础之上（参见 Rochlitz 1996: 181-7）。在此，最基本的概念就是本章开篇引用的那段话中所交代的"提前预支"的历史经验。对本雅明来说，回忆童年意味着在早年潜藏的线索中思索一个人当前境况的意义。用一句话来概括，就是：回忆成为历史意义的根源空间。尽管这种回忆的出发点总是非常个人化的、主观的过程，考虑到本雅明在记忆与物质环境之间建立的紧密关联，回忆也就因此有了复杂的社会和历史维度。比方说，一个人对童年时期家宅的回忆，就会因为那个家宅是否随着他的长大成人而发生变化而有着显著的不同。可是家宅的物质实体只是影响回忆的一个方面。儿时家宅的风格、室内装饰和周遭景物也都具有同等的重要性。我们将会看到，**本雅**

明对发生在周遭环境中的沧桑变化和物是人非有着非同寻常的敏感。20 世纪 30 年代，在他成熟期的论著中，他开始将这一现象结合马克思的"商品拜物教"概念加以分析。建筑方面，早期的现代主义者也曾关注事物会过时这个问题，他们试图抵制并想办法克服 19 世纪人们对风格的嗜好。这样的解决方式可能得不到本雅明的赞同，因为他深知，在商品社会中，与面向大众的广告传播相伴随，创生与众不同的新风格也是商品生产中绕不过去的一个环节。因此，尽管现代主义建筑并不能为本雅明提供一个圆满的物质方面的解决方案，它仍然不失为有着很高价值的乌托邦理想。关于这方面，我们将在第 4 章中进行讨论。

13

1929 年，本雅明同他的朋友弗朗茨·黑塞尔（Franz Hessel）一起翻译了普鲁斯特的《追忆逝水年华》（In Search of Lost Time）之后，发表了他第一篇关于这部书的作者的研究论文《普鲁斯特的形象》（On the Image of Proust）。本雅明在文中写道："直到普鲁斯特，19 世纪的传记文学才开花结果。他之前的时代曾一度空泛乏味、缺乏张力，随着他的出现却成为一个磁场，使他之后的作者能够从中推演出种种繁复的变化。"（Benjamin 1999a: 240）那些蕴含在本雅明的生命经验中、此前没有机会显露的观念，开始在此集中爆发：从喜剧视角而不是悲剧视角理解现代；将 19 世纪的现实看作一个"撒旦的乐园"；一种辩证的史观，将历史看作既使人摧折，又给人以希望的双面记忆。本雅明认为普鲁斯特的著作正好代表了历史的积极方面，赞美他"创造出一种哀歌般的欢乐情怀……普鲁斯特借此将生命幻化为记忆的载体"（239）。从这部著作的名字中，我们就能读出普鲁斯特对时间的关注。《追忆逝水年华》开篇描写了童年生活的经验，包括梦与记忆，形成了内外两重知觉图景。普鲁斯特所谓的"图

14

景"概念最终与时间体验相关,这种体验是带着厚度和重量的,是密集的,而不仅仅是事件交替的中性量度。本雅明这样写道:

> 普鲁斯特打开了我们的视野,他呈现给我们的不是无边无际的时间,而是繁复交错的时间。他真正的兴趣在于时间流逝的最真实的形式,即空间化形式。这种时间流逝内在地表现为回忆,外在地表现为年华的老去。(244)

普鲁斯特这个话题对于本雅明的重要性可以一语蔽之:"普鲁斯特的方法是当下化,而不是反思"(Nicht Reflexion-Vergegenwärtigung ist Prousts Verfahren,出处同上,亦请参见 Benjamin1991: 320)。在此,德语词 Vergegenwärtigung 被翻译成"当下化",意思是"使成为当下"。这样,在普鲁斯特的写作中,图景的作用就是让过往的经验成为当下的现实。而这一切都是瞬间完成的:"普鲁斯特不可思议地使得整个世界随着一个人的生命过程一同衰老,同时又把这个生命过程表现为一个瞬间。"(Benjamin 1999a: 244)

本雅明很多的著作都表明,他把这次与普鲁斯特的相遇,既当作一次澄清个人经验的机会,也当作一次操作复杂的阐释与评析的实验。本雅明对童年生活的回忆,也因此带入了借由反思普鲁斯特而得来的经验。这份反思凝聚成两个方法论性的原则,构成了本雅明思想发展的框架:第一,当下的意义潜藏在过往之中;第二,只有通过回忆那些埋藏着过往经验的物质环境,才能让当下的意义变得清晰可见。通过考察本雅明的城市文本,我们可以更加准确地理解这一过程的含义。

15　柏林

从很多方面来讲，本雅明童年的生活环境，对一位生活在 19 世纪末的柏林小孩子来说近乎完美。他的父母都来自于殷实的中产阶级上层家庭，两人婚后继续维持着这一社会地位的种种物质条件。沃尔特是家里的第一个孩子，下面还有一个弟弟和一个妹妹。自传式的《1900 年前后柏林的童年》（写于 1932—1934 年，修改于 1938 年）开篇就提到了一种体贴周到的安全感，它是由自己公寓下面的内庭院带来的。本雅明在《柏林日记》（Berlin Chronicle）中提到，他的家族在柏林的历史仅能回溯到祖父母一代，他们在 19 世纪中期最初定居到这座城市。但是，这样短暂的历史对本雅明来说已经足够承载他外祖母的家庭那"难以追摹的布尔乔亚式的安全感"（Benjamin 2002: 369）。在《1900 年前后柏林的童年》中，本雅明让读者感觉到他对祖母公寓那朝向内院的内阳台是多么留恋。本雅明生命的最后 15 年中表现出来的对巴黎拱廊街的痴迷，显然也与这份记忆有关。回顾那些描写内阳台的文字，能让我们更好地理解其中的关联：

> 在这些隐蔽的房间中，对我来说最重要的却是那个内阳台。或许是因为它的家具简陋，很少受到大人们的重视，或许是因为街上嘈杂的声音轻轻传上来，也或许是因为我可以在这儿看到有看门人、儿童以及手摇风琴演奏者的陌生的庭院。其实内阳台向我展现的更多是声音而不是人物，因为这是在一个富人区，这儿的庭院从来不太热闹繁忙。在这儿干活的人也多少沾染了一些他们有钱的主人们般的悠闲。一周中一直余留着星期日的一些气氛，

星期日也因此成了内阳台的节日。其他房间似乎都不够密封，不能完全包裹住星期日的气氛，任它如流水般从筛孔中渗漏出去了。只有这个内阳台与那些插着地毯架子、有着其他内阳台的庭院遥遥相望，把星期日紧紧裹住。从十二圣徒教堂和马太教堂传来的沉甸甸的钟声装满了内阳台，每一声回荡都不会从这里漏掉，直到夜晚，它们依然在这里层层叠叠，久久不散。（Benjamin 2002:371）

本雅明的这段记录性文字给我们提供了可靠的起点，去理解他对广义上的建筑与人造环境的感知体验的源头。内阳台的形式和功能在19世纪欧洲中产阶级公寓的房间中格外突出。这么说是因为，无论从哪个方面来讲，内阳台都是唯一允许室外侵入室内的房间。在文中，本雅明描绘的那个祖母家的内阳台显然是封闭的，而不是向室外开敞的。开敞式内阳台对欧洲北部的气候来说并不相宜。有两种感官对内阳台来说至关重要，就是视觉和听觉。拿视觉来说，它提供了最好的机会，让人能够欣赏庭院中"富人区"特有的活动，看到人们来来往往。或许在内阳台中玻璃的使用更多更显眼，因为在其他房间人们的视线总是会从外面的世界被拉回到公寓中来，不能这样肆无忌惮。

可是，本雅明在文中特意强调的却是房间的听觉品质。特别是教堂钟声在这个房间内的萦绕与盘踞，给他留下了深刻的印象。这里必须指出，在早前完成的《柏林日记》中，本雅明提到了他的视力不怎么样，他说"眼睛所捕捉到的东西，还不及纳入视线的东西的三分之一"（Benjamin 2002:596）。视觉上的缺陷，加上差劲的方位感，造成了本雅明某一个时期"在城市面前的无力感"（出处同上）。因此，**本雅明的传记中对地理方位的结构性描述并不诉诸视觉，这一点**

至关重要。在理解本雅明对大都会状况的研究的时候，我们必须牢记这个特点。尽管他在大都会地区长大，小时候的他显然觉得自己不足以胜任此间生活。我们将看到，等他到了巴黎之后，本雅明的视觉缺陷才不至令他备感困扰，反而因为看不清楚，他开始掌握与城市环境在更深层次彼此交流的方式。也许正是因为小时候与内阳台的亲近，使他最终得以突破这个与生俱来的感官局限。

本雅明后来从柏林移居到巴黎，与这段经历密切相关的文本就是《单行道》（One-Way Street）。这篇文章是1923年到1926年间写成的，但直到1928年才发表。人们立刻发现了这篇文章在形式和体例上与众不同，充满了短小的文字碎片。标题也暧昧不清，都是从日常广告和街头即景中得来。本雅明在此第一次尝试将蒙太奇手段作为一种新的理论写作的方法。文中有一个附属的部分叫做"帝国全景"，所使用的素材大概是书中最早搜集到的。解读这一部分的第一条线索来自题目本身。Kaiserpanorama，或"帝国全景"，是19世纪70年代在柏林建成的一种游艺机，它坐落在拱廊街内（参见Buck-Morss 1989: 82-92）。只需花一点点钱，人们就可以一个接一个地坐成一圈，从中观看千里之外的城市和自然风光。人们围坐在这台机器的四周，面朝里两两相对，各自陷入机器展示的场景中，以此取乐。在《1900年前后柏林的童年》中，本雅明描写了当他还是个孩子的时候去看"帝国全景"，趴在机器前面，随着一阵铃声，画面切换到下一幅，铃声的响起让人充满了渴盼。

尽管本雅明后来写到柏林的时候语调中带有更加浓厚的挽伤意味，"帝国全景"却从一开头就使人感受到这座德国首都城市正在发生严重社会危机的强烈印象："德国市民的生活由愚蠢和胆怯混合而成。在展现这种生活方式的所有日常用语中，有关那场即将到来的灾难的用语尤其值得关注：事情不会再这样继续下去了。"（Benjamin 1996：451）与一年之后的那不勒斯日记所记录的当地生活不同，德国城市的现状是"特定生活境况、困顿和愚昧无知就凭借这样的情结使人完全屈从于某些集体力量，就像野蛮人的生活完全由部落法规来定夺一样"（Benjamin 1996：453）。在一个特别引人注目的段落，本雅明将柏林体验描述为"一重厚重的帷幕遮蔽了德意志的天空"，在他笔下，这座城市已经彻底堕落、畸形、野蛮化了：

> 所有的事物在不可逆转的混杂与玷污的过程中，本性都会流失，真实被错乱取代，城市也是如此。大都会……在我们眼皮底下被农村无孔不入地撕裂了。撕裂它的不是自然景观，而是未经驯服的自然中最严酷的一面：翻耕过的土地、高速公路、未曾被城市闪烁的灯火遮蔽的夜空。即便在城市的繁华地带也不能带来足够的安全感，这让城市居民陷于混沌又危机重重的境地，他们不得不同旷野中孤独的怪物一道，吞下那些城市构筑的畸形怪胎。
> （Benjamin 1996：454）

18

仅就字面而言，我们似乎并不能很好地理解本雅明到底在抱怨什么，但将这些文字作为一个整体来解读，我们会清楚地看到自然与技术之间的对峙正在发生。在"帝国全景"这篇文章的最后一个段落中本雅明谈到了对"大地母亲"的错误态度，而在《单行道》整本书的末尾，他将现代技术视为新的力量和能够实现人与自然关系的新方案："使人和宇宙的交往呈现出一种全新的、不同于它在民族和家庭中所具有的形态。"（Benjamin 1996：487）。很清楚地，随着这种关系的确立，**本雅明在 1923 年就指明了，现代技术与城市经验**

的交汇点上蕴藏着最强大的历史张力。当勒·柯布西耶这样的人物探索如何扫清通往"新精神"道路上的障碍的时候，本雅明已经清楚地看到，想要一劳永逸地从往昔头上跨过绝不是件轻而易举的事。

就在发表了关于超现实主义起源的重要文章的同一年（1929 年），本雅明也发表了另一篇关于弗朗兹茨·黑塞尔的《柏林漫步》（Spazieren in Berlin，或英文 Walking in Berlin）的评论文章，题目叫作《都市漫游者的归来》（The Reture of the Flâneur）。黑塞尔跟本雅明一道翻译普鲁斯特的巨著。他写这部关于柏林的记录，是为了跟早几年超现实主义作家路易·阿拉贡（Louis Aragon）的小说《巴黎农民》（Paris Peasant）相抗衡。当阿拉贡徘徊在歌剧院通廊（Passage de l'Opéra），从昔日煊赫一时的建筑的衰败和没落中体味沧海桑田、世事变迁之际，黑塞尔也从大变革发生的前夜追寻着大都会居所消失的轨迹：

> "居所"（dwell）这个词原来的意思，核心便是关于"安全感"的概念，如今已经接近于消亡。吉迪翁（Giedion）、门德尔松（Mendelssohn）和勒·柯布西耶这些人正使人类的居住地转变为充斥着各种可以想见的力的作用、各种光线和气流的临时性空间……只有那些在内心深处认为现代性已经悄然而至、虽然无声无息但亦无计回头的人，才能对那些刚刚变成"往昔"的事物上投去时代先驱者那种无情的目光。（Benjamin 1999a：264）

在本雅明的著作中，这是第一次明确将"居所"的衰落同现代建筑的兴起作关联思考之处。从今天的语境回溯，从居所到现代住宅的转变是如何编织到本雅明个人经验和观念发展的自传性叙事中的？这的确是个问题。在《柏林日记》中本雅明将黑塞尔称作引领他走出城市恐惧症的人。在这个过程的开始阶段，本雅明提到了所谓的"蒂尔加滕神话"（Tiergarten mythology），把它看作"城市科学的第一章"（Benjamin 1999a：599）。柏林市蒂尔加滕区直到18世纪都是一个饲养鹿群的公园，这个名字也因此得来。这块地方向来小巷密布、街道盘根错节，像迷宫一般，本雅明也一直把它当作破解现代都市谜团的最重要的研究对象（德语Denkbild）。在古希腊神话中，忒修斯（Theseus）面对的挑战来自牛头人身怪弥诺陶洛斯（Minotaur），他静卧于迷宫的中心。忒修斯最后依靠阿里亚德妮（Ariadne）的线团成功逃离了迷宫。当本雅明描述柏林的时候，他一直把它比作这个传说中的迷宫。一直到他获得了巴黎的经验，才与大都会之间达成了和解。这份和谐关系并不是因为他最终驾驭了都市，而是靠向城市环境缴械投降来实现的：

> 在城市中行走而不去辨认眼前的道路，带来的只有无趣乏味。要做到这一点，只要有一点无知就够了。但是在城市中迷路——就像在森林中迷失方向——这需要一些完全不同的知识……巴黎教会了我去品味迷路的艺术；它满足了我的一个梦想，早年当我还在学校读书的时候，我在练习本的吸墨纸上看墨迹慢慢晕染，编织出一个迷宫。也许从那个时候起，我对这门艺术的喜爱已经初露端倪了。（Benjamin 1999a：598）

在本雅明从巴黎找到真实的自己之前，他就已经离开了柏林，先后前往那不勒斯和莫斯科，而在这些地方的生活经验都让他受益匪浅。这些城市留给本雅明的经验分别标志着他观察和记录城市的方式发生转变的开端与终结的决定性时刻。在职业方面，本雅明作出了决定（在很大程度上是不得不如

20

此），他放弃了学术研究工作和教职，成为一位随笔作家和记者。与之相伴的是对当下状况和瞬息万变的潮流的高度兴趣与亲和力。此时正值 20 世纪 20 年代中期，他在这一时期的写作也因此呈现出对城市状况的赞美和解放精神。尽管那位孤独而离群索居的城市漫游者形象从未真正消隐在文本背后，此时本雅明笔下的城市是充满活力的集体性存在。用这种方式，他所描绘的 20 世纪城市，恰好构成了自己年少时期腐朽沉闷的中产阶级室内空间的对立物。

21 那不勒斯

　　本雅明的文章《那不勒斯》（Naples）是与拉脱维亚剧作家、忠诚的共产主义者阿西娅·拉西斯（Asja Lacis）合写的。婚姻破裂几年之后，1924 年夏天，本雅明在意大利与拉西斯偶遇，一段恋情由此展开（参见 Scholem 1981：146-57；Buck-Morss 1989：8-24）。本雅明曾撰写了一组以城市名称为题的系列文章，关注焦点也明确地集中于城市本身。《那不勒斯》正是这组系列文章的第一篇。这一时期的文章也标志着本雅明理论写作方式的一个转折点，之后因为结集成《单行道》出版而为人所知。后来在他关于柏林的文章中表现出来的一些倾向和观点，首次出现在《那不勒斯》一文中，其中以关于城市建筑沟通了家庭和公共空间的观点最引人注意。这篇文章的核心论点是那不勒斯城市环境的"松弛"：

　　　"松弛"并不只是在形容南方工人的慵懒，更主要的，是在形容那种随性而为的冲动。这就要求无论如何把空间和一切机会保留下来。建筑成为一个个的大众舞台……

建筑中楼梯间的组织安排就是一系列高超的舞台布景设计。这些楼梯从来都不完全暴露在外，但也并不像北方建筑那样彻底被幽暗的墙体所包裹；它们从建筑的角落喷薄而出，这里转一个角度，那里又突然消失了，然后突然又从下一个街角冒了出来。（Benjamin 1996：416-17）

在这段文字里，我们能够读出，所谓的"松弛"指两个方面：随性而为和舞台特征。二者都让人想起自 20 世纪 20 年代以来伴随着现代建筑发展而出现的一个关键的矛盾。现代建筑学和城市规划坚信现代建筑必须建立在标准化和总体设计之上，因此很早就遭遇到使用者的随意改造和公众参与问题。比方说，勒·柯布西耶在 1920 年代末曾允许使用者在他设计的房子里进行有限的改造活动，方法是事先安排一些可移动的隔墙之类。根据曼弗雷多·塔夫里和弗朗西斯科·达尔科（Francesco Dal Co）的观点，在勒·柯布西耶的事业发展过程中，这一时期一个标志性的进展就是在圣保罗、里约热内卢、蒙得维的亚和阿尔及尔项目中采用了"蒙太奇"方法：

蒙太奇的先决条件是个别要素的组织安排。在这个例 22
子中，个别要素是指理论上可以被移动、移除或异地重
建的单元。它们共同置身于一个框架性的结构母体之中。
每个单元的去留都不足以影响整个组织的特征，也不会
对整体形式造成影响……建筑师希望公众在使用中形成
积极的参与：人造地形带来了最大程度的自由——折线形
蜿蜒的体量、自由设置的水平楼板，提供了大量的空间
去容纳居住单元。这将使居住者真正成为城市建设和空
间消费的主人公。（Tafuri and Dal Co 1979：143）

这是建筑设计对公众参与作出的一点让步，但与 20 世纪

60 年代人们对现代主义正统观点提出的挑战相比，已经是极为和缓的了。**本雅明的《那不勒斯》一文可以看作对这场运动的预言。它赞颂居民的自发性改造，不要任何标准，也没有统一的规划。这是一种创造性的混乱，活力由此产生。**在那不勒斯，还有一个与现代建筑信条相悖的特征，即居住区和商业区彻底混杂在一起，因而生机勃勃。现代主义要求二者在功能上彼此分离。现代主义的百货商店因此往往与其他建筑离得远远的，干净整洁又舒适方便，自身就是一个小世界；而在这座地中海城市，商业却渗透到迷宫般的空间深处，趣味盎然，变化多端：

> 真幸福，这些店铺多么混乱，多么让人迷惑！在这里，它们仍然保持着地摊的形式，就像巴扎。长长的过道真让人欢喜。在那个有玻璃顶的街道上，有一家玩具店，里面卖香水，也卖甜露酒杯。这些商品，活像从童话博物馆里流出来的。那不勒斯主要的街道托莱多大街也像一个博物馆，那里的交通之拥挤堪称世界之最。在这条窄街两侧的橱窗里，汇集到这座港口城市的商品个个趾高气扬、粗俗不堪、搔首弄姿。只有在童话世界里，街道才会有这么长，人们穿行其间，不能左顾右盼，否则就会堕入魔鬼的诅咒。(Benjamin 1996:419)

23

欧洲北部的居住区封闭得严严实实的，欧洲南部则倾向于将私人生活引入公共空间，使之成为一个剧场。与之类似，那不勒斯较为贫穷的地区的开放性也与中产阶级的居住区的密闭形成了对照。那不勒斯的工人阶级住宅也是如此，室内仅有的几件家具往往摆在门口的马路边上。不过将其解释为功能需求不免有点过于浪漫了，本雅明在此无非是希望找到更多与现代城市主义相制衡的特点。

后来简·雅各布斯（Jane Jacobs）成了第一位说破真相的人，她在《美国大城市的死与生》（The Death and Life of Great American Cities）里指出，足够的密度和合理的混杂，都能让人在观看街道的时候，心里生出共同生活于城市间的亲密感和安全感（Jacobs 1993）。本雅明的《那不勒斯》一文则认为这种积极的价值并不只作用于视觉，其同时作用于人的整个身心——当生活在街道上发生时，使整个人都从中受益。反过来，人又作用于城市，结果这样的日常生活就有了一种强烈的倾向，好似时时刻刻都可能迸发，使寻常的一天变成节日："每一天都像是节日，天天都像过节，无法抗拒。松弛就是这个城市生活中用之不竭的律法，到处都是一派慵懒。"（Benjamin 1996: 417）这样的描写给那不勒斯赋予了游手好闲之城的形象特征。传统的节日或狂欢节还有一个更加政治化的含义，即它们颠覆了在正常的生产工作条件下建立的城市社会等级结构。又一次，尽管现代主义的教条坚持生产与休闲在空间上的严格区分，那不勒斯人却将工作环境瞬间转变为游戏场，完全不需要什么理由。

对于年轻时代的本雅明来说，柏林就像一个迷宫。因为他的视力不好，所以也做不出什么有意义的漫游；等他到了那不勒斯，这个同样是迷宫般的城市却让他开始习惯于迷失，并以一种积极的、自由的视角品尝这迷失的滋味。

1923 年，本雅明感觉自己无法承受与柏林生活相伴随的幽闭恐惧症的困扰，加上这里发生的恶性通货膨胀所造成的普遍的社会危机，都让他把逃离柏林看作重新获得真正创造力的唯一希望。1924 年春天，在动身前往卡普里岛之前不久，他给朋友格哈德·肖勒姆（Gerhard Scholem，后改名为 Gershom）写信，提到他正在进行中的"悲悼剧"研究：

24

四月初我就打算离开这个地方，尽我所能，搬到一个更宽敞、更自在的环境中去，过一种更放松的生活，从而获得一个有利的位置，在新生活的良性影响之下，赶紧完成这个任务。（Scholem and Adorno 1994：236）

前面我们已经提到，一战以后，本雅明对德国首都的严重反感与日俱增，都被他写进了《单行道》中。本雅明把这本书献给拉西斯："这条路，叫阿西娅·拉西斯街，是她作为工程师，使这条路整个地穿过了作者。"（Benjamin 1996：444）这句题语的用词需要认真对待，因为它很好地体现了本雅明在此一时期转向写作和批评的本能愿望之猛烈。这一转变可能有很多个不同的维度。一方面，本雅明的"悲悼剧"研究无论如何也不能被高校评估机构所认可，让他不得不从学术界转向媒体行业。除非获得博士学位，或通过这样一个评审程序获得资格，本雅明是无法在大学谋得一份教职的。另一方面，在政治上，拉西斯促使本雅明严肃对待马克思主义对中产阶级文化和社会提出的批评。这两个因素结合在一起，让本雅明重新思考他的写作状态及他的批评—理论立场，这次反思是深刻且历时良久的。

本雅明早期文本的特点是极严重的概念堆砌，有一种抽象且自我封闭的格调。但在《单行道》中，他采用了一种全新的风格，努力同城市日常生活经验发生直接的关联。例如在全书的第一篇文章《加油站》中有这样的一段：

25
只有严格遵循行动与写作的交替进行，才能培养真正有力量的文学；它必须鼓励不引人注目的写作样式，去影响活生生的社会生活并与之保持默契，而不是去迎合传单、宣传书、杂志书评和广告牌里那种夸耀做作、放诸

四海而皆准的文学样式。只有这样即兴而来的语言，才是生活的语言。（Benjamin 1996:444）

1926 年 5 月本雅明忙于《单行道》出版事宜，其间致信肖勒姆，谈到了他政治立场上如何从一位无政府主义者转变为一位社会主义者（Scholem and Adorno 1994: 301）。几个月后，在写给肖勒姆的另一封信中，本雅明坚持认为书名并不能作隐喻性的解读，它实际上是指"一条引导人们望向空间深处的街道……也许就像帕拉第奥（Palladio）著名的维琴察剧场设计"。（306）本雅明这里说的是帕拉第奥的奥林匹克剧场，它是文艺复兴时期意大利剧场建筑硕果仅存的实例。剧场设计包括一个街道的舞台布景，最终是由温琴佐·斯卡莫齐（Vincenzo Scamozzi）完成的，此人是意大利文艺复兴末期一位非常有影响的理论家。这组设计应用了当时最先进的视觉技术，通过倾斜的地板和压缩的屋顶坡度带来了特殊的观察体验，在浅薄的空间中塑造了纵深的空间效果。

本雅明为何在他新的写作方式和文艺复兴剧场之间作出类比？我们可以在他后期为《拱廊计划》所做的方法论梳理中找到答案。本雅明在一处重要的声明中谈到，他一直努力使强化了的直观视觉图景同马克思主义思想方法结合起来（1999b: 461）。**显然，本雅明是在构造一种语言文字和叙述模式上的"视错觉"（trompe），使他的读者得到更直观、更有冲击力的体验。**但是，在另一方面，本雅明又不像在传统建筑中那样使用审美错觉。传统上，设计师使用视错觉必须使观看与行动发生分离，而本雅明在他的图景构造中则一直在强调行动本身的变化。

尽管本雅明直到 1933 年感到政局根本无望的时候才决心彻底离开柏林，其实他早在 10 年之前就已经住到其他地方，

26

而与拉西斯的爱情更是决定性的因素，使他下定决心不再把柏林当成他奋斗的根据地。拉西斯对共产主义革命的献身让本雅明动容，他也愿意献身于此。这时，早年德国的那种文化和政治上的保守主义力量，曾经参与塑造他的知识背景的东西，在本雅明心中的地位突然发生变化，不可挽回地一落千丈了。尽管在后来的法兰克福学派崇拜者和批评者眼中，他日后的工作离传统评价和正统理论都渐行渐远，20世纪20年代中期以后，本雅明的工作在一定程度上与"现代精神"仍然保持着步调一致，这一点是毋庸置疑的。1924年春夏之交，本雅明第一次来到地中海地区的城市。这是非常关键的经历，让他对日常城市生活发生兴趣，进而产生同情，并最终投身于这种生活之中。

莫斯科

本雅明写完了《单行道》，趁着它还没出版，去了一趟莫斯科，这是在1926年到1927年之间的冬天里。此行的直接原因之一是他急于见到拉西斯。她生了病，正在一所疗养院中休养。同时，这也是一次难得的机会，去近距离观察一座完成了社会革命的现代都市，获得第一手经验。事先他答应了人家，一回到柏林就把在社会主义俄国的见闻写出来发表，所以他在莫斯科的两个月里就一直写日记，尽管有些内容是几天之后根据回忆补上的。1980年，这部《莫斯科日记》（Moscow Diary）在德国首次出版，肖勒姆在其撰写的前言中提醒读者注意本雅明从莫斯科回来不久之后写给马丁·布贝尔（Martin Buber）的信。尽管本雅明坚持在写作莫斯科文章的时候不带入任何理论思辨，他谈到他花了多少力气去理解"这种全新的、茫然不知会通往何处的新语言，它与彻底变化了的环境之间通过声音之幕发出巨大的回响"。（Scholem and Adorno 1994：313）他继续写道：

> 我的意图是，将此时此刻的莫斯科的图像原封不动地描摹出来。在这张图像中，"所有的事实自身即为理论"，它因而摆脱了所有的演绎抽象，摆脱了所有的预言，而且，在一定范围内，摆脱了所有的判断。（Benjamin 1994：313）

我们看到，这一方法仅仅依靠纯粹的描述，构成了本雅明十多年中用以推进《拱廊计划》的持久方法。而且，正因他的这一选择，在 20 世纪 30 年代后半段受到法兰克福学派阿多诺等大佬的反复批评（参见 Wolin 1994：163-212）。显然对于本雅明来说，这种摒弃了直接的理论化语言的书写方式，用以描述人在大都会环境中的经验再正当不过。**因为对本雅明而言，人造环境与使用者之间的关系，首先不是发生在认知或知识层面**。关于这方面的问题，我们会在后面的章节中详述。**相反，现代城市主要制造着生理或感官上的影响，并由此引起集体感受的变革**。直到他生命的最后几年，本雅明才在写作中将这一观点清晰地阐述出来，但是很多线索都表明，正是我们前文所论及的发生在 20 世纪 20 年代中期的重要转折，最终引领本雅明达到了认识的终点。

本雅明在撰写《那不勒斯》文章的时候，重点关注了该 28 城市与柏林非常不同的方面。无独有偶，他的《莫斯科日记》一书开篇一部分就叫作"从莫斯科反观柏林"（Benjamin 1999a：22）。本雅明在此毫不犹豫地将印象和经验联系在一起："对一座城市及其居民的印象，同样适用于知识环境：在俄国的逗留，最大的收获莫过于一种新视觉。"（new optics，出处同前）"新视觉"这个概念，是本雅明完成于 20 世纪 30

年代的关于照相术和电影的著名文章的主题。但本雅明此时在"莫斯科"一书中指出，新的大都会环境超越了观者的感受力极限，必须依靠摄像技术加以弥补：

现在，对刚刚闯入城市的人来说，这里就像一个迷宫……对于不幸闯入的牺牲品而言，整个空间骗局的展开过程只有电影差可比拟：城市对他保持警惕，把自己遮蔽起来，主动逃避，暗中谋划，引诱他一遍一遍地绕圈子，直到精疲力竭为止。（Benjamin 1999a：24）

本雅明到苏联的第一个星期，看了谢尔盖·艾森施泰因（Sergei Eisenstein）执导的影片《战舰波将金号》（Battleship Potemkin）和列夫·库列斯科夫（Lev Kuleskov）执导的影片《以法律之名》（Pozakonu）。两位导演都是电影界蒙太奇手段的先驱，这种艺术手法开始时是由立体主义引入视觉艺术领域的，后来分别在达达主义和超现实主义的艺术实践中得到发展（参见 Vidler 2000：99-122）。本雅明返回柏林后，写文章捍卫早期苏联电影的政治取向。为了回应当时德国对文艺作品中政治取向的批评，本雅明说："俄国革命电影的优越性，跟美国喜剧相似，在于二者都以各自的方式，给自己设定了某种带有倾向性的立场并作为构思的基础。这样它们就可以经常返回这个原点，且一直都有所归依。"（Benjamin 1991：753）这句话显然说明，至少在这个较早的时段，本雅明并不排斥艺术为某个特定的政治目的服务。可是，艺术的政治合法化，是以信息同媒介的契合程度为标准来衡量的。从这个角度来看，本雅明捍卫的是早期的苏联电影。正如他对《战舰波将金号》一片对无产阶级颂扬的率直评价：

29

但是，无产阶级就是人民大众，正如这些空间（电影院的空间）是为大众准备的。在这部片子中，电影第一次能够在尊重环境的基础上完成它复杂的任务。《战舰波将金号》之前，没有任何人能够把任务完成得这么圆满，因而它是划时代的。在此，群众运动首次呈现出彻底的如同宏伟建筑般的结构组织，但却不是纪念性的特征，这让影片的拍摄获得了强烈的正当性。（出处同上）

在此，我们看到本雅明在 20 世纪 30 年代中期写成的最著名的作品《机械复制时代的艺术作品》中理论的雏形。在这部著作中，本雅明认为电影技术是独特的，它让"人类的自我异化"有可能得到富有成效的利用（Benjamin 2002: 113）。重要的是，本雅明发现大众在感受电影和建筑的方式之间有着强烈的相似性（Benjamin 2002: 116）。这种共同的感受基础，在上文谈到本雅明对苏联电影的评价之时已经有所暗示，他认为《战舰波将金号》呈现出"宏伟建筑般的组织结构，却不是纪念性的"。"建筑学一直都是一种原型的艺术形式，它要求人们在追求消遣的情况下去感知，也往往是被集体感受。研究人们感知建筑的规律非常有益。"（119-120）本雅明写下这些文字的时候（1935-1936 年），可以说已经完成了与现代建筑理论间的决定性相遇，也已经将这些理论深思熟虑过。至于其详细经过，我们会在第 3 章中加以讨论，在此我们还是先来看看大都会和蒙太奇之间到底有什么关系。

建筑蒙太奇

在《拼贴城市》中，柯林·罗（Colin Rowe）和弗瑞德·科特（Fred Koetter）从文化意义上的现代主义中识别出两种彼此对立的潮流。第一种，往往被人们看作建筑中占绝对优势的倾向，努力追求"统一性、连续性和系统性"，而第二种倾向则更乐意接受拼贴的方法，赞美"反讽、模棱两可和纷至沓来"（Koetter and Rowe 1984：138）。他们将拼贴的方法（亦可引申至蒙太奇）跟"拼装"（bricolage）划等号，都代表着一种即兴的建造过程，这也是法国人类学家克洛德·列维·斯特劳斯（Claude Lévi-Strauss）著作的核心主题。他们认为，"20世纪的建筑师特别不乐意把自己想象成一个拼装者"（139），并且拿勒·柯布西耶当作显而易见的反例：

30

> 事实上，在建筑师中间，只有伟大的两面派勒·柯布西耶，时而像刺猬，时而扮演狐狸，他偶尔对这一类方式表露出同情之心。他在做小房子的时候，其结果往往要依特定的顺序来实现，我们可以将之理解为类似"拼贴"的过程。他的城市规划方案则不是这样。在建筑中，柯布西耶将各种物体和场景突兀地并置在一起。这些元素各有各的来源、各有各的特征，彼此冲犯，不一而足；但被归拢到一起之后，却也在这个与原先迥异的环境中实现了统一，获得了新的力量感。比方说，在奥曾方工作室（Ozenfant studio）中，可以看到一大堆暗示和借用，各种各样的事物被并置到一起，使用的基本上正是所谓的拼贴手法。（140）

29

在这个例子中，勒·柯布西耶在处理个别建筑方案和综合城市设计时手法上的不连续、不统一，是很说明问题的。**对本雅明来说，正是19世纪的拱廊结构预示着拼贴作为一种城市设计原理的可能性。**可是，只是当电影作为一种艺术形式达到了一定的成熟形态之后，现代主义的这第二种倾向才真正代表了进步的潜力。正如《莫斯科日记》一书所指出的，作为一种技术手段，蒙太奇能将电影和建筑连接在一起，且无论是从审美角度还是从政治角度看都是进步的。本雅明非常清楚，持反对立场的社会力量只希望看到现代建造技术的粗糙和不近人情的一面。这种消极的认识将为法西斯主义的技术发展观提供莫大的支持，后者只是将技术看作归化一切、直接掌控有机和无机自然界的工具。与之相反，蒙太奇作为一种技术手段的核心优势之一，就是通过取消制造者和使用者双方任何有机统一观念，清清楚楚地宣示了艺术作品的非自然状态。但是显然，这种区别在艺术作品中比在建筑作品中更易识别。在《机械复制时代的艺术作品》一书中本雅明还谈到了建筑被人们感知的双重模式——触觉感知和视觉感知。正是在触觉模式下，建筑靠受众的一种不自觉的习惯被集体感知着：

> 触觉方面的感知不是以聚精会神的方式发生，而是以熟悉散漫的方式发生。面对建筑艺术品，后者甚至进一步界定了视觉方面的感知方式，其行为极少存在于一种紧张的专注中，而存在于一种轻松的顺带性观赏中，这种对建筑艺术品的体察，在有些情形中却具有典型意义。"因为，在历史转折时期，人类感知机制所面临的任务以单纯的视觉方式，即以单纯的沉思冥想是根本无法完成的，它渐渐地根据触觉感知的引导，即通过适应去完成。"
>
> （Benjamin 2002：120）

在建筑的感知过程中，既然触觉比视觉更重要，那就要求接受者有特殊的定位。本雅明在替《战舰波将金号》做辩护的时候说得很清楚，他把电影中的蒙太奇手段看作一种独特的技术，认为它特别适合记录大都会中人的行为。受德国社会学家格奥尔格·齐美尔和齐格弗里德·科拉考尔（Sigfried

31

Kracauer，后来成为一名有影响的电影理论家）启发，本雅明找到了一个合适的词去描述受现代大都会影响的集体精神状态，就是"分心"（distraction）。这个概念于本雅明的《机械复制时代的艺术作品》一书实乃不可或缺，对他成熟期全部的理论思考也都至关重要（参见 Eiland 2005）。但必须指出，这个词的德文原文 Zerstreuung 与英文翻译词 distraction 相比，有着更为肉体与生理的内涵，且暗示着一种剧烈的离散状态。这么理解的话，不难猜想本雅明所谓的"建筑感知"的主体并不是建筑的设计者和生产者，而是大都会的居民。

居民一旦被人造环境限定，就会发展出无意识的集体行为。从历史的角度看，不同的时期，不同的环境，形成了各自独特的行为。事实上，本雅明试图抓住的正是现代城市动力学的基本特征。在设计师的思维中，城市人的活动理应是有序的、可控的。人们一直试图去解决现代大都市环境所造成的矛盾与紧张，这在现代主义建筑的理论和实践中有无数的例子。深具讽刺意味的是，很多现代建筑潮流中的重要人物面对真实的城市都表现出不自在甚至厌恶的情绪。当然，本雅明从来也没把自己看成是一位建筑师或城市设计师。但是，他用来观察城市的眼睛却是充满创造力、充满智慧的造物者的眼睛。在这样的心智驱动之下，他深信理论再不能从沉思默想的传统模型中生发出来。他想，如果理论还能有些实际的功用，它必须同工业技术造就的日常物质环境的令人瞠目的变化相呼应。一句话概括：**本雅明将自己的理论扎根于紊乱无序的大都市迷宫中，他拒绝超脱于这个环境之外、居高临下地俯瞰它，并借此建立包罗万象的全景式理论体系。**

在莫斯科，本雅明发现他正身处一个关键的位置，现代技术与艺术在此相遇（参见 Curtis 2002: 201-15）。在《莫斯科日记》一书的末尾，本雅明也承认，随着列宁的去世，苏俄共产主义的英雄时期已经结束了。尽管如此,他认为这场史无前例的伟大社会实验仍将继续前行。故此,虽然本雅明对德国大都市充满了憎恨,将其与冲突和战争不可避免地联系在一起,他却在莫斯科看到希望,认为"真正技术的革命性本质在此得到了前所未有的充分认识"(Benjamin 1999a: 45)。在苏联,城市内的现代感和临近城市周边的人造环境较为自然的状态之间也存在着不协调,但在本雅明看来,这是 一种救赎,而在柏林,同样的城乡对比却预示着大崩溃:

> 莫斯科怎么看都不像个大城市;它顶多算是个大郊区……这座城市里到处散布着斯拉夫风格的小木屋,就跟柏林周边地区的一模一样。在柏林,勃兰登堡石被用到所有的建筑上,到处都显得格外荒疏;而在此地,木头的暖色却那么宜人……对莫斯科的渴望不仅仅是因为那里的雪,夜晚星群般闪耀着光芒,白天却像一丛丛的水晶花朵;也是因为那里的天空。还有低矮的屋檐之间的间隙里,辽阔的平原时不时探出头来,侵入这座城市。(Benjamin 1999a: 42;作者在翻译成英文的时候略有修改)

尽管在这段文字里我们能够读到一丝对前现代朴素生活的浪漫怀旧,它的主要意思仍然能让我们了解本雅明的都市思想的独特之处。它使我们明白,正是人造环境的临时性品质吸引着作者:柔弱的木头胜过了坚硬的石头。后来,随着《拱廊计划》的进行,本雅明发现了最符合他的观念要求的材料:玻璃(参见 Missac 1995: 147-172)。玻璃强化了变幻无常的感觉,因为它在感官上天生脆弱又空洞。到了1930年 代,**本雅明终于得出结论,技术的发展最终保障了玻璃的大量使用,新的城市面貌也将最终因此而抹去任何使用者留下的痕迹。没有任何其他材料能比玻璃更适合去粉碎本雅明幼**

时记忆中布尔乔亚家庭室内阴森森黑漆漆的印象，那给他留下了挥之不去的心理阴影。1929 年，在一篇关于超现实主义的文章中，本雅明说："生活在一座玻璃房子里，真是好得无与伦比。是欣喜若狂，是道德上的暴露狂，我们万分需要它。"（Benjamin 1999a：209）多年以前，本雅明第一次梦见这晶莹剔透的极乐世界，是在他的童年时代，在外祖母柏林公寓的内阳台里。

第 2 章

激进主义和革命

本雅明和超现实主义

《拱廊计划》中有一个部分叫做《古代巴黎》，开篇有一句话是这么说的："超现实主义的父亲叫做达达；它的妈妈，就是拱廊街。"（Benjamin 1999b: 82）从本雅明的对话中我们可以清楚地知道，从 1925 年夏天开始，本雅明深深地沉浸在超现实主义和它早期的作品当中（参见 Buck-Morss 1989: 253-75; Pensky 1993: 184-210）。在 12 月 28 日寄给胡戈·冯·霍夫曼斯塔尔的信中，本雅明说："我越是想去处理一些时代性的主题，特别是关于巴黎超现实主义的书，就越清楚，找一个合适的地方去安心完成我那些稍纵即逝但很可能并不肤浅的思考有多么难。"（Scholem and Adorno 1994: 286）超现实主义与"稍纵即逝感"之间的关系非常重要。上一章我们曾经讨论过，本雅明对环境的感受中包含了一种强烈的留恋倾向，清楚地知道其难以长久。这种意识却通过两个截然不同的情态表现出来：酸楚的怀旧和欢欣的憧憬并存。本雅明将超现实主义的稍纵即逝感同后一种情态连接在一起。

本雅明第一篇关于超现实主义的文章叫做《梦之刻奇：超现实主义概览》（Dream Kitsch: Gloss on Surrealism）。这篇文章发表于 1927 年，但很可能在 1925 年就写成了。本雅明在其中讨论了"技术性过时"的主题：

> 技术让物品的外部形象早早过时，就像钞票注定失

去它的价值。只是在这一刻，双手才会在梦境中重温物品的形状，指尖从熟悉的轮廓上抚过，尽管它们急于消失。它在物品最陈旧破败的点上试图去抓住它……那么，物品离梦境最近的一面是什么？它最易衰老的点在哪里？答案是，因为使用习惯而磨损的最厉害的那一面，被廉价的格言所装饰的那一面。物品朝向梦境的那一面，就是它作为媚俗赝品的那一面。（Benjamin 1999a：3）

36 　　20 世纪 20 年代由一个艺术家朋友自发形成的小团体自命为"超现实主义运动"，其标志性事件就是 1924 年布列东发表《超现实主义宣言》（Surrealist Manifesto）。他们一道发起了"自动写作"①（automatic writing）的实验。自动写作部分源自布列东关于精神分析的一些知识，它的革命性价值主要在于力图避免艺术生产过程中自觉意识对作品的审视。他们认为，通过这个过程，艺术作品就能真实表达头脑中自发想象的产物，越直接越好。对于早期超现实主义来说，这个过程让艺术家在一种近乎白日梦的暗示状态下进行创造活动，排除了全部有意识的材料组织和条理化，让思维发生随机碰撞与链接。尽管弗洛伊德派精神分析学认为，理性的自我审视过程对于任何有效的精神平衡而言都是必不可少的，布列东坚持说，经由自觉审视而得到的艺术作品是基于普遍弥漫着"绝对理性主义"（这是他发明的词）机制的物质社会现实的。在 1924 年的《超现实主义宣言》中他说：

　　　　经验越来越束手束脚了。经验就像关在笼子里的困兽，要把它从笼子里放出来是越来越难了。经验也要依赖即时效用，而且还要靠常识去维系。人们打着进步的

————————

① 也被译作"无意识写作"。——译者注

借口，以文明为幌子，最终从那些被轻率地当作迷信及幻觉的东西里将思想清除掉，摒弃所有追寻真理的方式，因为这种方式不符合习惯做法。（Breton 1969：10）

作为一种革命性的具体行动，超现实主义有一个让人诟病的方面，那就是：它把想象力说成是社会解放的主要手段。布列东不是说过："想象力可能正处在一个关键的时刻，它要证明它自己，要为自己争取权利。"后来他更进一步，说"梦境让现实融为一体，成为一种绝对的现实，即超现实"（出处同上）。这种急切而轻率的论调中潜藏着一种新浪漫主义，面对社会环境日益被工业产品严格控制的现实，它呼吁在自我迷幻的空想中寻求安慰。在《梦之刻奇：超现实主义概览》中本雅明清晰地阐明了历史导向的超现实主义方法的一种感觉。他谈到了在19世纪中期出生的那一代人谈吐中的修饰和美化的倾向，那正是本雅明（以及超现实主义者们）的祖父母那一代人。为了打倒这种装饰之风，超现实主义转而寻求从梦境中寻回艺术家的童年，并将那个时候的世界，即19世纪布尔乔亚的充满装饰的室内空间和陈设物品带入现实。对这些带有历史含义的物品的关注，表明超现实主义拥有真正的唯物主义立场，他们"与其说关注精神的脉络，不如说更关心物品的痕迹"（Benjamin 1999a：4）。后来于1929年发表的《超现实主义》（Surrealism）一文中，本雅明更清楚地说明了这一点：回忆19世纪那已被透支了的物质文化，最终目的是为了将之据为己有，"通过这个过程，将那仍有旧迹可寻的世界的能量吸收到自己体内"（出处同上）。

如前所述，本雅明将回忆童年视作艺术发展的关键任务。这是由于，一个人的过去是他当下存在的先决条件。广而言之，一代人的精神气质与他们置身其中的同时代文化产品之间有着密切的关联。从这个认识出发，**本雅明认为超现实主义者的方法，就是通过干预技术再生产的艺术方法，来弥补现代物质环境的短暂易逝**。这样看来，布列东于 1924 年对超现实主义作出的定义中所谓的"心灵自动力"，无非是机械复制生产方式的批判性借用，而这种生产方式恰恰在商业资本主义社会条件下才成为可能（参见 Foster 1993: 157-191）。相应地，本雅明自己也在 20 世纪 20 年代中期发展出一种与他所处的时代的生产条件相适应的理论方法，并以之作为考察超现实主义的工具。

　　20 世纪 20 年代末期到 30 年代中期，布列东将巴黎超现实主义运动引向了与共产主义革命极为接近的方向。在他 1935 年发表于布拉格的讲座"物的超现实主义状况"中，布列东陈述了十多年来超现实主义实践中他所采用的主要方法和核心目标。他说：

> 　　目下，就我个人而言，我深信进行如下实验不仅可能，且有极大的益处。就是说，我们必须在诗歌中纳入物的组合，不论它是否平凡。或者更确切地说，我们要在做诗的时候让视觉元素在字里行间跳跃，而不是简单地复制它们……我们的目标是系统地重组所有的感官，当年兰波（Rimbaud）曾引领我们走上这条道路，这如今仍是超现实主义者持续追求的目标。我认为，我们必须毫不犹豫地打乱所有的感觉……（Breton 1969：263）

　　从这段话的上下文来看，很明显，布列东对蒙太奇的方法了如指掌。具体地说，他下意识地在诗歌写作的过程中将文字和视觉元素进行并置组织，这是超现实主义者在联合写作或个人创作过程中别具一格的行为模式。摄影的出现无疑是超现实主义者艺术实践发展的艺术—历史背景中起决定作用的因素。布列东显然明确地意识到，这一发明终结了艺术以"栩栩如生"为目标、对现实之物的模仿，并把它当作"写实"来看待。但是，他并未因此将诗意的画面一概摒弃。相反，他把摄影的发展看作它得以更新的手段。其中的关键一点，就是不能再把诗意画面当作某种"写实"过程的产物，而与摄影术那种"机械"的过程相互对立起来。相反，在超现实主义者的方法论中，物的制造被看作照相复制机器自身的集体空想或"理想生活"的写照。这种空想理应看作潜在救赎的集体实践，正是因为产品自身的技术手段而得以实现。在这一阶段，本雅明也对通过蒙太奇技术将词语和图像结合的政治潜力逐渐熟悉起来。在 1934 年的文章《作为生产者的作者》(The Author as Producer) 中，本雅明写道：

> 我们可向摄影师要求的恰是这种能给照片以说明的能力，这种说明能将照片从流行的消费中抢救出来，并赋予它革命的使用价值。但是，假如我们这些写作的人自己充当摄影师，我们会更加强有力地提出这个要求。在这里，对于作为生产者的作者来说，技术的进步也是他政治进步的基础。换句话说，只有打破了精神生产过程中的专业壁垒——这种专业壁垒对于资产阶级来说，恰恰是秩序的保证——作者才能让他的产品于政治上合用。(Benjamin 1999a：775)

这一时期，布列东对此采用的说法是主张"感觉错乱"，并将此过程视为革命性的趋势。1935 年春天，他再一次到布拉格演讲，题目叫做"今日艺术的政治地位"。这次，他详细分析了超现实主义实践的政治意义。也阐明了何以 1924 年《超现实主义宣言》中用以定义超现实主义的"心灵自动主义"方法并不意味着向个人主义审美自觉的逃避。相反，在强烈的技术干预下，社会条件促使人与人在物质上分离，而心灵自动主义的价值恰恰在于它有机会引领艺术实践寻找一条突围之路。用他的话来说：

> 心灵自动主义……从来不曾为超现实主义设置一个终点，不承认这一点就是信口雌黄。诗歌和艺术中储备着源源不断的能量……浩瀚无边的观念总有一天定会冲破堤岸，它全副武装，让少数几个人的作品席卷公共生活。就是要粉碎、永远粉碎那些联合在一起的反动势力，它们一心一意阻止"无意识"活动在薄弱处爆炸性地冲决而出。
> （Breton 1969：231-2）

20 世纪 30 年代中期，本雅明努力为《拱廊计划》寻找政治上的合理性，他也在谋求找到艺术作品可能的革命性本质。在一篇 1935 年撰写的拱廊计划提纲《巴黎，19 世纪的首都》（Paris，the Capital of Nineteenth Century）中，本雅明将这一问题归结于一个"集体意识中的意象"的概念：

> 新的生产手段的形式，一开始仍被旧的生产手段的形式（马克思笔下的那个）所控制。与之相应，新的集体意识的意象中，新与旧也彼此渗透纠缠，无法清晰地区分开来。这些意象都代表了某种愿景；通过它们，人们不仅要克服，而且要完善社会生产的不成熟以及社会生产组织的不健全。（Benjamin 2002：33）

在这里，本雅明在"集体意识"和"集体无意识"两个概念之间颇有些摇摆。关于后者，本雅明认为它预示了一幅图景，与马克思描绘的那个无产阶级革命之后实现的和谐大同的社会形态非常近似："在这个图景里，每一个时代都憧憬着下一个时代的景象，而后者融合了史前的因素，即无阶级社会的因素。"（33-4）大概就在这一时间，布列东也不约而同地将超现实主义的实践同理想现实的图景相提并论，认为它既作为集体意识存在，又具有强烈的解放特征："这些知觉，尽管自认为是客观的，其实就从它们急切地希望从外部现实中得到应答来看，都具有革命的、狂乱的特征。"（Breton 1969：278）**就这样，"理想中的图景"作为革命和乌托邦的载体，构成了本雅明和布列东两人各自提出的"艺术产品"概念的重要的共同基础。**

《拱廊计划》和现代建筑

尽管超现实主义的诞生伴随着它的父亲达达主义的死亡，它的母亲——拱廊街——却有幸存活下来。的确，透过本雅明对巴黎拱廊街的研究，我们甚至能够看到这位母亲愉快地享受她的第二次生命。在 20 世纪 40 年代本雅明去世之后的几十年间，《拱廊计划》一直蒙着神秘的面纱，直到 1982 年在德国首次出版，一举奠定了经典地位，并在学术界掀起了研究热潮。但是，这项计划的原始名目——"拱廊计划"（Passagen-Werk）听起来似乎很难被看成是作者的扛鼎之作。阿多诺就认为，跟拱廊计划相关的材料一开始就是不完善的。所以只有本雅明一人对这项出版计划全心全意。最后，终于有一位编辑鼓足了勇气把这部书稿编辑成书，他的名字叫罗尔夫·蒂德曼（Rolf Tiedemann），他用建筑打了个比方来说明这部书稿的特征：

41

> 拱廊计划的碎片化状态，就好像用来建造一座房子的种种材料。在基地上已经描画出房子的轮廓，也已经开挖基础了……这些断简残篇中的五六个部分，对应着最终

成书的五六个章节。如果继续拿建筑打比方的话，就像是未来建成之后的房屋的五六个楼层。在已经开挖的基础旁边，我们可以看见一堆堆码放整齐的建材，是为了日后建造墙体而准备的；本雅明自己的思想，就像用来组织这些材料的模板……一旦了解建筑完成后的样子，读者就能不费力地读懂这些素材的含义，而且每个人都能分辨出到底是哪些内容曾深深地吸引了本雅明。(Benjamin 1999b：931)

与其说把这些素材比作工地现场整齐码放的建材，不如把它比作建造迷宫的部件更加让人信服，因为本雅明本人显然更加属意于此。我们都曾注意到，在《单行道》的开篇，本雅明就曾明确反对那种"虚张声势、气吞山河的写作态度"（Benjamin 1996：444）。蒂德曼的话让人想起这项计划早先的一个部分——"布置成庄园风的十个房间的公寓"，以及它那阴郁幽闭的布尔乔亚室内环境。与此同时，把拱廊计划同建筑图纸或平面图作类比也不是没有问题的。

本雅明是否真的考虑过完成任何宏大的、全局性的知识建构？这一点尚存疑问，无论对他自己还是对潜在的读者来说都是如此。《拱廊计划》的方法论充满了自觉的碎片化，本质上是暗示性和象征性的，而不是累进或演绎式的。尽管《拱廊计划》的这些片段或零部件揭示了材料 - 历史方面的主旨，它们对读者来说更像是引人进入迷宫的线头，而非准备好去搭建一览无余的水平楼板的东西。就像第一次进入一个建筑环境的经验一样，本雅明让他的素材呈现出一种笼统综合的整体样貌，使得人们不能采用那种惯常的理论性方法，以静态的系统性视角对素材进行消化吸收。正因如此，这个计划从一开始就不是一座"完整的大厦"。考虑到本雅明对 19 世纪布尔乔亚室内环境的隐含态度，我们可以认为，他研究拱廊计划其实也是出于同样的动机——打破传统上对空间和历史方面的虚幻理解，从而建立一种真正具有批判意义的理论。认识到这一点是非常重要的。事实上，我们将会发现，**本雅明生命中最后 15 年写作的驱动力来自于一种全新的信念，即理论应超离于普遍综合的概念规划而独立存在，就像现代人的存在方式，正在放弃务必在身边物质环境中刻下个人痕迹的做法。其中最核心的部分就是放弃建构之前的宏大构思和精心计算，却不是怀着挽歌般的遗憾，而是怀着革命者一样的热忱。**

　　可是问题仍然悬而未决：本雅明何以下定决心，将如此宝贵的智力活动投入到对 19 世纪巴黎拱廊街的研究当中？尽管我们可以搜集一些证据以表明本雅明对拱廊街的兴趣早已有之，但仍然无从说明这一决定到底来自何处。一个基本的线索就是，拱廊街从未被正式认作一种具有经典意义的建筑类型。约翰·弗里德里希·盖斯特（Johann Friedrich Geist）曾对拱廊的建筑形式进行了事无巨细的分析，特别指出了它的起源和发展都未得到学界的认可：

　　　　拱廊从未成为有教益的建筑形式。它从未成为罗马大奖的主题，也未曾出现在同时期的课本当中，更没有成为建筑训练的内容。拱廊的建筑概念在无声无息中流布甚广，其途径无非是旅行报告、口头描述、直接观察，比如到拱廊中去游历一番。想要条理清晰地重构 19 世纪拱廊的发展历程殊非易事。我们缺少相关的记载，关于建筑师的名字、设计方案，以及业主用以描述建造动机的任何书面记录，尤其是在拱廊建设的起步阶段。（Geist 1985：64）

本雅明受到西格弗里德·吉迪翁（Sigfried Giedion）的影响，认识到现代拱廊这一被正统建筑学所遗忘的特征。他说："19 世纪那些不被注意的方面，正是它大胆突破、锐意创新的地方。"（Benjamin 1999b: 154）吉迪翁在他 1928 年出版的《法国建筑》（Bauen in Frankreich）一书中提到了这一观点，本雅明曾如饥似渴地阅读过这本书。他是通过阅读这一著作而不是其他途径去认识现代建筑的革命潜能的。此书出版之际，吉迪翁正担任国际现代建筑协会（CIAM）的第一任秘书长，因而字里行间流露出一股强烈的使命感，要把现代建筑的精神起源往前回溯 100 年：

> "新"建筑学起源于 1830 年前后工业时代走上历史舞台之际，其时手工业产品正被工业制造的产品系统地取而代之。我们没有资格去拿我们的时代跟 19 世纪相比较。那时的人是那么一往无前，他们的作品也充满新意。（Giedion 1995: 86）

44　　　尽管勒·柯布西耶在 1923 年的《走向新建筑》（Towards an Architecture）中一再强调建筑师在精神方面的引领作用，吉迪翁的笔下却反映出他对建筑师和工程师职业的不同看法，而这一观点不偏不倚地击中了本雅明的内心：

> 不知不觉间，工程师成为建造 19 世纪的核心力量：他们给建筑职业带来了无穷无尽的新内容，使建筑师们做的事情显得苍白又平庸。正是工程师，让设计行为既带有无名的特征，又反映了集体的渴望。他们身上没有建筑师那种艺术家般的洋洋自得，却最终令建筑行业发生了翻天覆地的变化。这就是工程师的历史作用。（Giedion 1995: 94）

20 世纪 20 年代末期，当本雅明努力去阐释，假如艺术作品是提供给无产阶级而不是资产阶级消费者的情况下，艺术家的社会功能可能会发生的变化时，他被吉迪翁这一无名的、集体的建造观点所吸引。1929 年年初，本雅明写作《超现实主义》一文时，曾给吉迪翁写信表达他读到《法国建筑》一书时的兴奋心情：

> 当我通读您的著作时……我被您的睿智所击中，感觉心跳加快。在极端的态度和极致的认知之间存在着严格的区别，而您体现出的正是后者。因此，您真正具备了阐释历史的能力——或者不妨说，发现历史——从一个现代人的视角。（Benjamin 1999a：832）

因此，对于本雅明来说，对现代建筑的革命潜能的恰当理解，或者对 19 世纪拱廊的历史含义的理解，正是前文所说的"极致的认知"。我们在前文中已经阐明，这一类知识与本雅明努力建构的理论有着密切的关联，而这一理论也被他视为视觉艺术和电影中蒙太奇手段的对等物。很显然，在本雅明的方法论和他对拱廊街的关注之间存在着某种联系，需要进一步的阐释。

在《拱廊计划》中有关知识论的篇章中，本雅明又一次援引了吉迪翁对现代建筑发展史的解释，把它看作是本人历史哲学的基础。他在自己革命性的理论布局和一种交杂了超现实主义实践与现代建筑理论两套思路的观念之间建立了直接的联系，在下面这段话中表露无遗：

45

> （19 世纪的室内装饰）在政治上是极端重要的研究素材，试看超现实主义者对它的重视就能明白这一点。换句话说：正如吉迪翁引领我们从 1850 年前后的建筑中读

出当代建筑学的基本要素，我们也要从那个时代似乎微不足道、甚至已被遗忘的形式中看到我们今天的生活和造型的原点。（Benjamin 1999b：458）

吉迪翁的另一个观点是"19 世纪的建造活动是由无意识来驱动的"（Benjamin 1999b: 391，858）。与之相应，本雅明也提出如下观点：**正如现代主义建筑师将上一个世纪的无意识原则转变为一项有意识的历史任务，超现实主义者也以同样的自觉揭示了 19 世纪资产阶级物质文化的革命性潜能。**但与吉迪翁不同的地方是，《法国建筑》一书将关注点锁定在 19 世纪的工业建筑如桥梁、火车站或工厂之上，本雅明却更关注超现实主义者眼中的重要之物，即拱廊街。

本雅明撰写《拱廊计划》时期的笔记和通信中曾提到阿拉贡的《巴黎农民》。除此之外，一些草稿和介绍性的文字也提供了重要的线索，向我们展示出他选择巴黎拱廊街作为研究对象的原因。最引人注意的是，拱廊街在一两代之间攀上时尚的巅峰又被人们突然抛弃，其兴也勃、其亡也乎，这很不寻常。马克思曾说商品是集体拜物教的神祇。沿着这个思路，本雅明指出，拱廊街在特定的历史时刻成为商品消费行为的尚未发展完善的物质空间载体，其时奢侈品的制造正系统地转变为批量生产规模。在那个世纪初期的前三分之一时间里事情发展得相对缓慢，到世纪中叶，随着钢铁和玻璃制造水平的突飞猛进，拱廊得以成为巨型尺度的世界博览会的恢宏大厅，用以容纳举世无双的商品展示活动。在《拱廊计划》的 1935 年版本《巴黎，19 世纪的首都》（Paris, the Capital of the Nineteenth Century）一文中，本雅明引用了当初在研究电影的时候初次发现的"分心"理论，来描述大规模商品消费过程中的认知特点：

> （世界博览会）创造了一个五光十色的须弥幻境，步入其中的人没有不被勾引得目眩神迷、三心二意的。这一点对于娱乐产业来说轻而易举，只要把人提升到商品的级别就足够了。人们纷纷缴械投降，听任它的摆布，甚至从自己和其他人的异化中得到快乐。（Benjamin 2002：37）

正因拱廊街在工业产品的商业消费中充当了最初的交易空间，本雅明看中了它，把它当作考察的对象。马克思主义基本理论关心的是商品交换行为中人与人之间真正的关系是如何转变为赤裸裸的物与物之间的关系。本雅明的理论贡献在于，他向历史的纵深发问，找到了这一集体意识的转变最初孕育而成时的物质环境，在这个意义上，他的理论是对马克思主义理论的补充完善。由此我们非常容易做出以下类比：正如艺术家之于他童年时代的形象，政治理论家与现代式异化的发祥地间的关系亦复如此。在两种情形下，与其说是要克服过去以存活于当下的物质文明条件下，不如说是从深深异化或"被诅咒"的现实环境中赎回当初乌托邦的初心。

47

按本雅明的说法，拱廊计划与《19世纪的史前史（Urgeschichte）》密切相关（Benjamin 2002: 52）。如我们所见，对历史追忆的操作本是本雅明方法论的内在组成部分。**拱廊街之所以成为他成熟时期研究的焦点，是因为他断定，正是在这个历史节点上，现代意义上的集体观念的异化全面且深入地出现了。因此，本雅明理论实践的激进之处，正在于他拼命要从19世纪的文化血脉中挖掘出20世纪的病根。**惟其如此，本雅明认为，才能找到那些为可憎的现代消费空间带来生机与活力的根本动力，并从中找到乌托邦的些许痕迹。

　　近来，关于本雅明和他的拱廊计划的研究文章层出不穷。综合地看，当代本雅明研究的特点是丰富多样、五花八门。鉴于本雅明本人对纳入某种理论门派的高度警惕，如今人们从各种不同的视角对他的著述进行阐释本不足为奇，甚至更加合乎情理且切中要害。尽管试图为碎片化的拱廊计划重建一个完整框架的努力必将归于徒劳，却并不意味着这一计划缺乏内在动机上的统一性。然而这种统一性却不大可能从为计划本身搜集的大量资料中获取，只能从本雅明同贝尔托·布莱希特（Bertolt Brecht）的私人交流中了解一二。

　　1929 年本雅明初次与布莱希特见面，其时拉西斯担任布莱希特私人助手，由她介绍二人认识。也正是在欧洲政治空气急转直下的 20 世纪 30 年代早期，本雅明花费大量时间在布莱希特的工作室，两人正儿八经地探讨艺术如何服务于无产阶级的问题。就像本雅明之前所有重要的私人关系一样，本雅明从与布莱希特的交往中获得机会，去进一步玩味自己此前琢磨多年的经验和观点，使之愈加明晰（参见 Wolin 1994：139-61）。尽管如此，从他跟布莱希特的交往来看，这一打磨和擦亮的过程却依然漫长且颇耗心神。用理论语言来说，这一过程的直接结果就是关于科技与自然关系的认识的重大调整。反过来，这一新的理解又影响了本雅明关于"文学艺术的革命功能"的判断。本雅明关于艺术与政治、科技与自然的四种关系的阐述，能让我们更清楚地看到他思想观念中较为激进的一个方面。

　　1931 年 5 月到 6 月间的日记记录了本雅明与布莱希特交往初期对其观点的反应。造成本雅明对现代建筑理解上最大冲击的莫过于布莱希特诗集《城市居民读本》（Lesebuch für Städtebewohner）第一首诗的反复咏叹部分——"抹去痕迹"。由此，本雅明形成了他的一个洞见，此后数年曾屡次返回此处，在这本书在本雅明的建筑观念中，扮演了不可替代的核心作用：

> 在包豪斯式的房间里常常什么家具都没有，只一个空荡荡的住宅；而布尔乔亚的居所则应有尽有，让居民沉溺于无穷无尽的生活习惯中……现代式的室内，无论具有怎样的特点，都拒绝环境中留下这样的痕迹（正因如此，玻璃和钢变得如此重要）。而且，如此一来，生活习惯从一开始就不可能发生。这也是何以室内总是空空荡荡且可以随意改变的原因所在。（Benjamin 1999a：472-3）

居所（德语中的 Wohnen）和住宅（或纯粹的栖身之所，德语为 hausen）之间的区别，将成为本雅明拱廊计划的关键内容，借以考察 19 世纪中产阶级的生活空间。关于这一点后文会有更加详细的讨论。此时需要指出的是，它与本雅明对自然—科技之间关系的理解也是直接相关的。**本雅明就此提出了一个关于现代科技的极端的解释，认为它具有一种强大的力量，不仅从表面上，且从深层、从根底处改变自然。**可是，这并非意味着他接受了一种直接的环境决定论思想；无论如何，既然科技必不可少地包含了物质运作及其效果，它必然也是人类改造自然环境的效果之一。简言之，本雅明的理解是辩证的，即环境与社会结构相互决定、相互塑造。正如前文所言，本雅明理解的物质文化，永远不能脱离历史语境而孤立存在。这个语境拥有两副面孔：一面灾难深重，朝向旧日的废墟；一面满怀希望，朝向未知的将来，暗示着救赎当下的可能性。我们往回一步，重新看看《单行道》，或许能对本雅明的科技—自然观有更为清晰的把握。在全书的最后一篇《到天文馆去》中，本雅明就人类大规模使用现代科学技术却在第一次世界大战中落得可悲下场进行了反思。可是，即便在这种向同时代人内心投下巨大阴影的恐怖面前，本雅明依然看到了实现救赎的可能机遇。他打了个谜一般的比方来表达这一观点：

> 按照帝国主义者的说法，驾驭自然是全部技术的目的所在。可是，谁会相信棍棒教育者宣称的教育的目的就是大人去驾驭小孩呢？教育难道不首先是对各代人之间应有之关系的培育吗？如果要说驾驭的话，那么要驾驭的并不是小孩，而是各代人之间的关系。同样，技术也不应是对自然的驾驭，而是对自然与人之间关系的驾驭。（Benjamin 1996：487）

如前所述，诗样图景的任务，是从童年环境中寻找乌托邦的蛛丝马迹。对于本雅明来说，这一环境特指父母和祖父母生活的19世纪中产阶级室内环境。正如他在关于柏林的文章中谈到的，他的童年世界保护着他，使他免于直接暴露在工人阶级的悲惨生活面前。当他长大成人，第一次去探索柏林工人阶级聚居区的情形，他与这个城市底层的妓女不期而遇（Benjamin 2002: 404-5）。在《拱廊计划》中本雅明不止一次强调，妓女是无坚不摧的商业拜物教和异化现象的极致表现。在《巴黎，19世纪的首都》一文中，他以极扼要的语言表达了这一观点。他认为妓女作为一种商业对象，"既是商品本身，又是卖主"（Benjamin 2002: 40）。

妓女的大量出现，成为19世纪大工业生产条件下工人阶级严重且不断深化的异化现象的典型表征（参见Buck-Morss 2006）。这种状况的出现，很大程度上要归因于技术发展所驱动的大规模机械化生产所提供的可能性。如果说对资产阶级（即所谓的"帝国主义者"）而言，技术是驾驭自然的手段，对于19世纪的工人阶级而言，工业技术则意味着他们工作场所和工作习惯的颠覆性变化，意即，对他们来说，"自然"已经全然不同了。从这个角度来看，"驾驭自然"也只是阶级压迫的另一种说法而已。尽管可能会被理解为技术进步永远都是为统治阶级服务，本雅明在这篇文章中思考的问题却代表了一种全然不同的可能性：社会和解。但它仅仅是一种可能性，绝非历史必然：

> 人（Menschen）作为物种，虽然在几千年前已完成了自身的发展，但是，同样作为物种的人类（Menschheit），其发展却刚刚开始。技术将人类组织起来，为其提供了一个全新的自性。在此状况之下，人类与宇宙的交流与作为个体或以家庭为单位时完全不同……这个真实的宇宙突然出现在人类面前，不再是之前我们称之为"自然"的那些微小的片段。上次大战那些毁灭性的夜晚，整个人类的结构仿佛被癫痫病人般的丧心病狂所摇动着。为此，当人们劫后余生，付出的第一份努力就是要让这副新的躯体听从使唤。无产阶级从此获得权力，正是躯体痊愈的外在表现。（Benjamin 1996：487；作者进行英文翻译时稍作修改）

这段关于现代科技与自然之间关系的描述，在濒于崩溃的现实与充满希望的乌托邦景象两极之间建立了关联，这也正是本雅明对19世纪物质文化的典型看法。但是，不能据此认为本雅明的思想有暧昧不明或自相矛盾之处。他只是不愿意重操之前那种肤浅的老生常谈，认为技术要么是有益的，要么是邪恶的。他的观点毋宁说是：假如不去评估科学技术如何从根本上改变了人类的自然天性，则人类无法恰如其分地掌握科技工具。**以这种方式，本雅明预言了20世纪60年代马歇尔·麦克卢汉（Marshall Mcluhan）广为人知的观点：媒体技术的生产和再生产将会重塑或拓展人类的身体及其社会形象。**对本雅明来说，现代技术的乌托邦潜力与技术自身无关，完全是个政治实践问题。

对现代科技的积极回应和消极回应

不妨对本雅明的科技观与同时代德国哲学家马丁·海德格尔作一比较（参见 Hannsen 2005）。考虑到近些年来建筑实践领域和建筑理论界对海德格尔思想的持久兴趣（参见 Frampton 1995; Harries 1998; Sharr 2007），这种比较就显得格外有益。本雅明和海德格尔生平有些值得注意的交集，比如两人在德国弗赖堡大学读书时都是新康德主义哲学家海因里希·里克特（Heinrich Richert）的学生。1913 年本雅明在弗赖堡求学时，海德格尔正在忙于教师资格考试，内容是关于经院哲学家邓斯·司各脱（Duns Scotus）。两人都着迷于 20 世纪早期德国和奥地利诗歌。海德格尔喜欢的是格奥尔格·特拉克尔（Georg Trakl）的作品，此人曾受到年轻的维特根斯坦（Ludwig Wittgenstein）的资助；本雅明则更爱略早一点的奥地利诗人，如斯特凡·格奥尔格（Stefan George）、胡戈·冯·霍夫曼斯塔尔和卡尔·克劳斯（Karl Kraus）。两人都对里克特的思想给予高度评价。可是，这些共同点唯有让他们思想观念上的分歧更显刺眼。以今天的语境来看，二人之间最强烈的分歧莫过于本雅明发自内心的都市主义和海德格尔毫不动摇的乡土情结。海德格尔完成于 1951 年的文章《筑·居·思》（Building, Dwelling, Thinking）往往被看作关于技术、空间和建筑的重要文本而受到很多讨论。海德格尔一开篇就告诫读者这篇思考与现实的建造和设计无关，但这并没有妨碍评论者们口若悬河地讨论二者之间的关联。不过这里的讨论并非意在否定这些阐释或应用，而是希望借海德格尔那些截然不同的立场来反衬本雅明思想的独特性。在《筑·居·思》的开篇部分，海德格尔以典型的个人风格向貌似确凿无疑的观点——为得栖居，必先筑造——发出质疑。通过对德语词汇 Bauen（筑造）在语源学方面的持续挖掘，海德格尔得出结论："筑造"实际上意味着"存在"，"筑造就是栖居本身"。这样，针对通常的看法即我们必先建造而后安居，海德格尔指出，实际上正是栖居使筑造成为可能。在一个相当富于感染力的段落中，他将各条线索收拢起来：

> 惟当我们能够栖居，我们才能筑造。让我们想一想两百多年前由农民的栖居所筑造起来的黑森林里的一座农家院落。在那里，使天、地、神、人纯一地进入物中的迫切能力把这座房屋安置起来了。它把院落安排在朝南避风的山坡上，在牧场之间靠近泉水的地方。它给院落一个宽阔地伸展的木板屋顶，这个屋顶以适当的倾斜度足以承荷冬日积雪的重压，并且深深地下伸，保护着房屋使之免受漫漫冬夜的狂风的损害。它没有忘记公用桌子后面的圣坛，它在房屋里为摇篮和棺材——在那里被叫作死亡之树——设置了神圣的场地，并且因此为同一屋顶下的老老少少预先勾勒了他们的时代进程的特征。筑造了这个农家院落的是一种手工艺，这种手工艺本身起源于栖居，依然需要用它的作为物的器械和框架。（Heidegger 2008：361-2）

在《艺术作品的起源》（The Origin of the Work of Art）

一文中，我们可以找到类似的段落。其原始版本是海德格尔在1935—1936 年间举办的一系列讲座底稿，（无独有偶，本雅明也在论文中谈到过艺术起源的问题）。在这篇关于艺术品起源的论文中，海德格尔对 20 世纪初期种种先锋派运动导致的艺术表现方式上的剧烈变革置若罔闻。同样地，在前面所引的那段文字中，海德格尔选择一个前现代时期的黑森林农舍作为居住的范例，并刻意强调它的自然处境。这段描述为我们提供了一幅关于栖居的理想图景，特别强调了人造物与自然间的无以伦比的和谐状态，直到地老天荒一般。正如他对 20 世纪 30 年代艺术作品的考察与本雅明同期研究关注的焦点（即机械复制问题）迥然不同，海德格尔关于栖居的讨论也完全忽视了 20 世纪 20 年代到 30 年代由现代建筑的倡导者发起的建造革命。

尽管在海德格尔 1927 年的代表作《存在与时间》（Being and Time）中，他已经抛弃了西方传统观念中关于人类本性的所有本质主义内容，他后来关于栖居的讨论中却几乎丝毫未曾将现代时代的历史条件考虑在内。其结果是，我们几乎无法从他对栖居的思想中读到任何关于科技和建筑对现代社会影响的讨论。与此恰好相反，本雅明思想的发展却极深刻地受到他关于现代生产方式影响下社会组织模式变化的研究的影响，建立在关于技术和自然辩证关系的思考的基础上。这一点，至少从本雅明自己的视角来看，使他的研究有别于海德格尔，而显露出非同一般的独特性。在写给肖勒姆的信中，本雅明说明如何将马克思关于物质历史的理论作为自己拱廊计划的研究基础，且继续说道："正是在这里我将遭遇海德格尔，也将目睹我们之间因对历史的截然不同的看法而彼此撞击，火花四溅。"（Scholem and Adorno 1994：359-60）本雅明的《拱廊计划》则全然与历史和物质文化难解难分，他如此谨慎地阐明自己的观点：

那些全新的历史观念，无论是普遍性的还是具体的，统统都表现出更高程度的和谐、对堕落时代的救赎意识、全新的断代法以及确凿无疑的立场。现在，是该对它们的反动或冒进的效果作出一番评估了。从这个角度看，超现实主义的写作和海德格尔的新书（指《存在与时间》），尽管选择了两种不同的可能性，其最终却导向了同样一种危机性的结局。（Benjamin 1999b：544-5）

很清楚，本雅明的意思是海德格尔失之反动，超现实主义者则过于冒进了。在《作为生产者的作者》一文中，本雅明以一种与海德格尔的消极怀旧正相反的方式指明一条道路，通往政治上进步的理解以及对现代艺术的合理使用。在此，本雅明毫不含糊地站在布莱希特和他的"功能变形"（umfunktionierung）概念一边。前文已经提过，本雅明呼吁作者们拿起摄影工具，让图像成为理论的一部分。之所以发出这种呼吁，也是因为确信技术进步已经极大地改变了艺术家作为专业生产者的角色之故。既然通过蒙太奇已经可以使"受诅咒的"日常物质文化进入"神圣的"高雅艺术领域，现代艺术生产者就必须对技术生产的现代手段进行一番总体评估。回到之前引用的一个段落，本雅明继续道：

因此，在这里，对于作为生产者的作者来说，技术进步是其政治进步的基础。换句话说，唯有超越了智力生产过程中的专门化——从资产阶级的观点看，这种专门化是其秩序所在——其产品在政治上才是有用的……正当他意识到他与无产阶级团结一致的时候，作为生产者的作者同时意识到他与其他生产者也结为一体，而在之前，他们对他本是不屑一顾的。（Benjamin 1999a：775）

　　　　在关于艺术作品的文章中，通过对电影的讨论，本雅明进一步阐明了艺术家与工人阶级结为一体的观点。之前本雅明曾造访莫斯科，在那里，他如梦初醒，意识到电影可能具备的社会革命潜力。如今，他把当时的观点进行了细致的阐述。谈及现代电影通过设备实现"对现实的最高强度的解读"的方法之时（Benjamin 2002：116），本雅明发现"同样是一群观众，如果对滑稽剧兴致勃勃，那么就不可避免地对超现实主义反应冷淡"（117）。正如在《到天文馆去》一文中本雅明反对以技术装备的现代战争将枪口对准新的人类共同体，在关于艺术的文章中他也谈到现代电影院所拥有的巨大的社会与政治进步潜力：

> 电影最重要的社会功能就是在人类与机器之间建立平衡。电影实现这一点，不仅靠人在摄影机面前展现自己，也要靠通过这些机器来反映自己所处的环境。一方面，通过特写镜头及摄影机镜头灵活的游走，身边那些习以为常的环境被探索，影像让我们注意到那些主宰我们生活的必需品，让我们重新认识那些熟悉的周遭事物，看到隐匿的细节；另一方面，它向我们保证一片广阔且毋庸置疑的疆域的存在，使我们可以大显身手。（Benjamin 2002：117）

　　前面的章节中我们已经了解了本雅明的一个观点：为了更透彻地了解现代大都会，可以运用电影蒙太奇方法。我们也谈到本雅明特别注意到建筑和电影的一个关键的共同点就是"集体感知"。最后，本雅明提出的"分心"概念和布列东提出的"感觉错乱"都提出了一个相同的任务，即引领社会进入一种与现代环境相匹配的心理接纳状态。当本雅明谈到通过电影"在人类与机器之间建立平衡"，的确容易让人联想到通过技术校准来实现人群的规格化。但细读接下来的部分，我们可以理解本雅明暗含的意思，是**通过妥善利用现代技术，使人的感知与物质环境更加匹配**。这或许意味着，对于本雅明来说，现代科技已经成为人类社会与其物质环境间复杂关系的关键性协调工具。

有鉴于此，**本雅明思想中极具颠覆性的一点，就是认为特定的文化生产实践可以使艺术创造同人类的集体解放事业积极地整合起来。**

建筑的现代主义和形式的政治

现在，让我们从本雅明复杂的技术乌托邦中稍稍抽身出来，以 20 世纪 60 年代以来已经广为接受的、觉醒了的现代主义观点回头看，本雅明的理论在当代的反响一开始可说是充满了质疑和否定。在《建筑和乌托邦》(Architecture and Utopia，意大利，1973 年出版) 一书中，建筑历史学家和理论家曼弗雷多·塔夫里讥讽道，现代主义建筑面对那个时代的经济窘境和政治困局，仅仅提供了一个形式上的解答：

> 从 20 世纪的第四个 10 年开始，现实的乌托邦主义和空想的现实主义彼此叠合，融为一体。社会乌托邦衰落，默许了理想主义者向利益法则驱动之下的"实物政治"缴械投降。建筑、艺术和城市领域的空想观念与形式的乌托邦一道被遗留下来，成为人类理想主义总体观念失败之后的补偿物，以假想的秩序去拥抱无序。(Tafuri 1976: 47-8)

对于塔夫里来说，"形式的乌托邦"是一种社会和政治上的退守姿态，对于 20 世纪前 30 年的文化先锋主义不可或缺。塔夫里在早期的文本中一次又一次地引用本雅明思想中与夏尔·波德莱尔和格奥尔格·齐美尔有关的部分，如将现代都市环境理解为一种高强度的心理冲击，他坚持认为形式和平面是现代建筑对现代城市的补偿性回应。现代主义建筑家是把形式看成是拯救城市于混乱无序之中的不二法门。通过形式的乌托邦，塔夫里认为现代主义建筑师和城市设计师开始着手将早期先锋运动的梦想转变为物质现实：

> 就在此时，建筑学得以成功地走上历史舞台，通过吸取并超越历史上各种各样的先锋派的野心——实际上是将它们推入危机，因为建筑学自身即可处于有利位置，回答当年立体主义、未来主义、达达主义、风格派，以及各种构成主义和生产主义的分支所提出的问题。（Tafuri 1998：20）

可是在现实中，这种显而易见的努力积累起来，使先锋乌托邦主义成为一种设计上的意识形态，"根植于创造活动自身"（出处同上）。由此，现代建筑接纳并吸收了前卫艺术中的解放性的、乌托邦式的渴望，将其与物质建造的现实整合到一起。不管塔夫里的现代建筑批评有何优点，很明显，本雅明的政治极端主义理念与之全然不同。如前文所谈到的，本雅明的观点极端且持久，唯一关注的是艺术生产的政治进步潜力。

尽管本雅明的写作流露出对建成环境的显而易见的敏感，他对这一环境的经验，却一直摇摆于现实的大灾难和潜在的救赎之间，保持着动态的张力。对于后者而言，本雅明寄望于钢铁和玻璃这样的现代建筑材料。显然，本雅明并未采纳现代主义建筑中典型的环境决定论思想。除了对吉迪翁的热情赞同外，本雅明极少在写作中清楚表明立场，宣称自己关于进步艺术生产的观念与现代建筑之间有任何亲密或特殊的关系。本雅明却从不掩饰与照相术的亲密关系，当然电影就

59

更不用说了。可是，本雅明对艺术与自然、科技与社会之间关联的极端想法，却为建筑理论与实践打开一条宽阔的道路。这一点毋庸置疑。本雅明对现代主义的分析不止于此，通过更全面深入地研究这些思想，我们能够逐步认清这条道路的意义所在。

现代主义和记忆

现代性和现代主义

前面两章已经勾勒出本雅明思想的大致轮廓，关于他对建成环境的体验和他在理论方法上的革命性主张，对应于现代生产和美学实践。本章的中心主题，是关于本雅明对现代性（modernity）的理解，特别是它在19世纪末和20世纪初建筑和艺术领域中的特定形态——现代主义（modernism）。可是，**尽管本雅明毫不犹豫地拥抱20世纪前几十年间弥漫在现代主义建筑领域显而易见的先锋精神，他却对其洋洋自得的进步主义说辞顶多持模棱两可的态度。**为使这些说辞不至于那么刺耳，本雅明追随吉迪翁的脚步，将现代主义的起源上溯至19世纪中叶。由此，本雅明对夏尔·波德莱尔进行了深入的研究，成为他所说"19世纪的史前史"的核心内容。

波德莱尔写于1863年的文章《现代生活的画家》（The Painter of Modern Life）中谈到了对现代性的看法，可说是经典性的论断："谈到'现代性'，我的意思是过渡、短暂、偶然，是艺术的一半。艺术的另一半是永恒和不变。"（Baudelaire 1964：13）这提供了一个有益的起点，让我们关注现代主义的特定方面。在本雅明的理论文本中，对短暂性的体验可以说占据了核心位置。在本书第1章的开头部分我们已经重温了本雅明的童年时代所处的物质环境。可是，本雅明在20世纪30年代的写作，却并没有采取那种辛酸怀旧的态度去拾取旧日的吉光片羽，相反却采用了一种积极的态度去呈现衰败本身所蕴含的社会变革潜力。像很多同时代人一样，本雅明接受了一种观念：一种技术生产，无论多么先进，其赖以实现的物质条件也会打上历史和社会裂痕的烙印。戴维·哈维最近出版的一本书，名为《巴黎，现代性的首都》（Paris, Capital of Modernity）——这是为了向本雅明《拱廊计划》的原名致敬，他在开篇部分将现代性的一般观念视为一种历史性的断裂：

> 关于现代性的一个神话是说它与过去时代之间发生了一个彻底的断裂。这个断裂如此绝对，以至于我们可以将世界看作一张白板，我们尽可以在上面涂画未来的蓝图，不用对过去时代投去留恋的一瞥——或者，一旦过去时代拦在半路，则可以将之彻底清除……我认为这种现代性的观念纯属神话，尽管这种说法听上去很普遍、也很有说服力，但我们拥有充分的证据证明其并没有，也绝不可能发生。（Harvey 2003: 1）

本雅明看来也不会同意所谓现代性建立在与历史彻底决裂的基础上、过去时代消失得无影无踪之类的说法。从这个方面来看，他与哈维都站在跟现代主义者的自我历史书写相对立的一种立场上。在现代建筑的启示性文本，例如勒·柯布西耶的《走向新建筑》中，一种夸大其词的决定性变化义无反顾地发生了。但即便从勒·柯布西耶本人的经历来看，这也不是事实，因为他曾以同样的热情拥抱传统，而不是将之彻底排除在外。事实上，《走向新建筑》一书的观点明明白白，是反对社会与政治革命的。对本雅明来说，技术革新必须以进步性的社会变革为目的，以获得真正且深刻的社会价值。但这并不是说本雅明会天真地以为建筑方面的革新真的会带来直接的社会政治功效。

如我们所知，本雅明认为建筑技术方面的革新受到滞后 62

效应的影响，唯有在下一代人身上方能见到社会政治方面的效果。这导致了很难从本雅明的文本中得到关于现代主义的清晰理论。这个理论只能靠我们自己"建构"起来。为了试着建构这个理论，我想首先集中于两位在本雅明的成熟文本中反复提到的建筑师：勒·柯布西耶和奥地利原现代建筑师阿道夫·路斯（Adolf Loos）。两个人在政治上其实都是保守的。因此，评估他们对本雅明的影响，需要细读两人的理论著作，同时过滤掉他们的写作意图。

路斯和柯布西耶在写作立场上的相似之处一望便知，就是他们对当时学院派建筑实践发自内心的深恶痛绝。这种态度在路斯方面较为明显，他是受过经典建筑学教育的，只是他一直也未能从学校毕业，故而更多被看作那个时代的文化评论家，而不是建筑师或室内设计师。路斯早期的写作后来被汇编成册，名曰《言入空谷》（Spoken into the Void，德文为 Ins Leere Gesprochen）。此书刚刚付梓之际，维也纳分离派正如日中天，被看作现代风格的杰出代表。路斯针对分离派领袖奥托·瓦格纳（Otto Wagner）的室内设计作出品评，谈的是功能、风格和社会历史发展之间的关系问题：

> 比方说，奥托·瓦格纳房间里的椅子美不美？我就觉得一点都不美，因为我坐上去觉得很难受。而且，我估计其他人的感觉跟我其实也差不多……它们看上去跟古希腊的椅子很像，但时移世易，人们的坐姿和休息的方式已经发生巨大的变化。从来都没有一成不变的坐姿。所有的国家、所有的年代，人们的坐姿都不一样。（Loos 1998：64）

这段评论与波德莱尔对现代的感受何其相似，都将其视为面对特定历史境况的连续不断的发展变化，而不是历史上一个独一无二的实验性或反偶像时期。与此同时路斯还尖刻地指出，对于完美的设计而言，能否很好地满足功能需求是个决定性的标准：

> 所以，每一把椅子都应该是实用的。如果制造商只生产实用的椅子，那家家户户的房间就可以布置得妥妥当当，无需室内设计师的帮助。完美的家具造就完美的房间。因此，只要不是为了应付特殊情况，我们的家具商、建筑师、画家、雕塑家和室内设计师就应当识得分寸，只向市场投放有限种类的完美家具。（66）

路斯反对分离派的做法：在现代生产条件下，他们依然对艺术和工艺运动摇尾乞怜。这样做又有何必要？路斯对此语带讥讽。十年后德意志制造联盟走上历史舞台，路斯也对它作出恶评。他发现其中包含着一个严重的自相矛盾之处：制造联盟竟试图采用一种臆想出来的永恒原则来生产优良产品。路斯非常简短地表达了他的讥讽之意："制造联盟生产产品，不为我们这个时代，而为千秋万代。扯淡。"（163）在最著名的文章《装饰与罪恶》（Ornament and Crime，1908）中，路斯把此前无数次提到的观点凝练成一句话："文化进步的同义词，就是从一切日常用品中清除装饰。"（167）正是在这种观念的鼓动之下，路斯发表了他对世纪末时风流弊的尖刻咒骂，其时在建筑和设计领域中弥漫着一股怀旧之风，无视先进的机械生产条件，偏要将手工生产的原则重新引入建筑行业。

本雅明同意路斯的判断，认为"青年艺术风格"带有与生俱来的反动倾向。**本雅明与路斯的相似性还在于，路斯并未将现代主义解读为一种特定的建筑风格，而是像波德莱尔一样将其视为日常物质文化中稍纵即逝的变迁痕迹。**1908 年，仍是在同制造联盟做对的一篇文章中，路斯阐明了他的态度：

我们的车厢、我们的眼镜、我们使用的光学仪器、我们的雨伞和拐杖、我们的行李和马鞍、我们的银雪茄盒和装饰物，还有珠宝和我们的衣服，统统都是现代的。它们之所以现代，是因为没有艺术家乐意将其纳入自己的羽翼之下，尽管他们一点资格都没有。这是一个事实：构成我们这个时代的文化的物品，与艺术一点关系都没有。(155)

64 　　十年后，勒·柯布西耶的反应更加令人吃惊。在《走向新建筑》中一个典型的段落中，柯布西耶将路斯的两种态度，即对功能的提倡和认为现代建筑最能直接表达自身的途径在于通过不起眼的日常生活物品，强硬地捏合到一起。他说：

　　我们的现代生活……已经制造出不知多少物品：西装、自来水笔、自动铅笔、打字机、电话、漂亮的办公室家具、圣戈班平板玻璃和 Innovation 牌旅行箱、吉列刀架和英吉利烟斗、圆顶硬礼帽和房车、远洋巨轮和飞机。

　　我们的时代正在一天天地确立属于自己的风格，这一切就在我们眼前发生。

　　我们的眼睛对此却视而不见。(Le Corbusier 2007：151，156)

　　路斯和柯布西耶的现代性观念，核心是相同的。两个人都与当时的建筑生产方式格格不入，都认为真正的建筑设计与一般的"艺术式"的建筑行业实践不是一回事，现代设计拒不承认那些传统的设计能人的角色。考虑到前卫艺术本来就远远领先于学院教条和日常事务，这种与生俱来的格格不入本也在情理之中。对两个人的现代性概念同样重要的是集体意义上的物

65 质生产，很大程度上是无意识的。两位建筑师都确信，现代性恰恰是在不可胜数的日常物品中展现自身，而自己正在从事一

项英雄主义的事业，要倾毕生之力使这一发现昭于天下。与此同时，要张开双臂拥抱大规模机器生产的精准与不具名的特性，才能促成真正的进步。必须旗帜鲜明地反对任何试图为前工业时期手工生产张目的行为。特别是在柯布早期的著述中，有一种自相矛盾的倾向，试图通过回到普世的、基本的、永恒的几何和古典比例来实现革命性的建筑。这种将创新与保守混为一谈的特点，在《走向新建筑》那慷慨低回的终篇中昭然可见：

> 反动的信息从各个方向朝他涌来，让今天这位充满现代意识的人深感困扰。一方面，他感到一个新世界正有条不紊地、合乎逻辑地、毫不含糊地展开，每天生产着纯粹的、可用且有用的东西出来；而另一方面，他依然觉得自己哪儿都不对劲，置身于保守且充满敌意的环境中。这个环境可以是他的居所；他的城市、街道、房子或公寓都起来同他作对……在不可抗拒的现代意识和弥漫了几个世纪之久的陈腐观念间，是无法填平的巨大鸿沟……建筑，要么革命。而革命是可以避免的。（307）

这段显然是非常保守的陈述，必须放在它的历史语境中，方能理解透彻。那是一种什么语境呢？其时俄国革命刚刚胜利，整个欧洲都必须适应它所带来的种种后果。而且，第一次世界大战结束未久，社会和人心整体上依然动荡不安。波德莱尔不是认为审美现代性与1848年欧洲革命造成的社会－政治语境密不可分吗？在柯布西耶的观念中，现代主义建筑也深受战争一触即发的社会气氛的影响。相反，对于本雅明来说，事情的关键在于使前卫艺术与政治革命彼此契合。为了实现这一点，如我们所见，他并没有把柯布西耶倡导的纯粹主义运动放在心上，转而求之于气质非常不同、却更具时代特征的超现实主义运动。

路斯和柯布西耶主要是从设计和生产技术的角度去思考现代性和现代主义。与他们不同，本雅明的出发点是工业材料和视觉生产造成的社会条件。他眼中的现代性问题的一个重要参考点，就是格奥尔格·齐美尔的先锋社会学理论。齐美尔在 1903 年写了一篇《大都会与精神生活》(The Metropolis and Mental Life)，通过评估现代人造环境对人的影响，对大都会生活进行了一番分析。齐美尔的论文，延续着费迪南德·滕尼斯（Ferdinand Tönnies）对集体和城市生活的反对，以定性的方式指明乡村或小城镇生活与大都会生活之间的区别。齐美尔认为前者基本上是个体的和情感式的，后者则更多是集体的和理智的。鉴于大都会环境一般较乡村或小城镇复杂丰富得多，如何屏蔽掉铺天盖地的外部刺激对那里的居民来说就成了至关重要的事。齐美尔为此发明了一个词来描述此事后果，即"审美疲劳"，意思是人们本来怀着浪漫情怀，却因过度刺激而疲惫不堪，对外界刺激不再发生反应。这种说法非常类似于后来弗洛伊德所谓因精神能趋疲而导致的"死亡驱动"。据此，齐美尔向人们揭示出大都会人格的决定机制：

> 因此，典型的都会型人格——当然它也因人们个性的不同而分化为成百上千的变体——创造出一种保护机制，来抵御对之构成威胁的外部环境波动和断裂所带来的极度混乱……这样，都市人对于那些事件的反应转移到一个特定的精神领域，那里的敏感程度极低，与深度个性的距离最为遥远。(Simmel 1971: 326)

结果，现代大都会就让其中生活的居民患上了一种奇特的病症——"去人格化"。在文章末尾，齐美尔做出了极具煽动性但未经深思熟虑的论断：19 世纪像尼采这样的思想家之所以为捍卫个人主义大声疾呼，正是因为目睹了现代大都会普遍的人格沦丧。带着这样的了解，我们现在返回本雅明对超现实主义的赞赏，和被诋毁的 19 世纪家居室内主题。

在第 1 章，我们已经了解本雅明如何回忆祖母那中产阶级室内空间带给他的安全感，仿佛与世隔绝。尽管本雅明认识到将自己同现代城市环境隔绝开来的想法本质上是非常保守的，但路斯的家居室内空间概念却支持这种消极的做法。这让路斯认为室内空间就是居住者人格的集中体现。因此，任何室内空间和主人人格上的不相匹配，都可归咎为室内设计方面的重大失误：

> 人与自己的房间一点都不协调，房间也不适合居住者。可是为什么会这样呢？……房间跟它的使用者缺少任何内在的关联，使用者从中无法发现任何有价值的东西，而在愚蠢的农夫、可怜的苦力、可悲的老处女的房间里却不缺乏这一样东西：那种亲密感。（Loos 1998：58）

在此，路斯试图为个体环境建立起一道个性的壁垒，用以抵御齐美尔所谓因过度刺激和个体孤独而造成的城市状况。根据马西莫·卡恰里（Massimo Cacciari）的说法，这种希望保护个体居住者免于遭受外部社会和现代城市环境侵蚀的做法，在路斯的建筑设计中一直是一项基本原则，也可解释他的房子何以外部形象和内部空间之间存在着巨大的差异：

> 墙里墙外存在着根本的差异，这是因为建筑师和室内设计师在处理内部空间设计的时候，必须为使用者最大限

度的使用和改变留足空间……室外形象与室内空间毫无瓜葛，因为它们使用两种截然不同的设计语言，各说各话……建筑师仍然是真诚的，但他最大限度地容忍这种差异，并让它们完整地显现出来。（Cacciari 1993：106-7）

68　　　　路斯在 20 世纪 20 年代为达达主义领袖和超现实主义的亲密战友特里斯唐·查拉（Tristan Tzara）设计的巴黎住宅就是他的设计原则的集中体现。路斯为查拉住宅（建成于1925—1926 年间）设计的立面使用了勒·柯布西耶在《走向新建筑》中大力提倡的"控制线"方法。这样，外立面比例处于严格的黄金分割比的几何控制之下，所有代表建筑功能的象征性装饰都被摒弃了。在建筑朝向内院的一面，路斯允许最大程度的自然采光，而面对街道一面则非常封闭，保证了内部空间的私密性。这座建筑的室内部分，就像在其所有作品的室内设计中那样，路斯根据个别房间的功能需求谨慎处理内部空间。在这个案例中，所谓"空间体积规划"设计法具体表现为一个宽敞的开放式起居室和一个地坪抬高的餐厅，二者彼此相连。

　　尽管路斯表达了对无用的装饰物的厌恶之情，他本人却一点都不排斥在建筑室内使用昂贵的材料，特别喜欢在墙面上装饰薄薄的大理石贴面。在一些室内设计中，比如 1913 年的洛文巴赫公寓（Löwenbach apartment）和 1918—1919年的斯特拉瑟住宅（Villa Strasser）中，大理石材料的广泛使用为建筑带来一种谨守分寸却饱含古典意味的丰盛感，与时兴的早期青年艺术风格室内设计中那些自发形式和动感装饰恰成对照。根据托尼齐奥提斯（Tournikiotis）的说法，路斯"遵循一种颇具弹性的住宅设计理念：将家庭看作一个内向性的实体空间的时候，只需满足一个要求——为主人带来安全感"（Tournikiotis 2002: 40）。尽管本雅明赞同路斯对日常文化的理解，却没有采取他那些过时的想法，比如认为房屋是主人个性的体现，以及房屋应该将居住者同外部环境隔绝开来。正如我们所见，他毋宁与超现实主义者站在一起，对自我暴露怀有痴心。建立在这样的认识基础之上，**本雅明认为现代主义者的真正任务乃是打破 19 世纪室内空间的保护性外壳，而不是采用新的手段去保护个体居住者自我封闭的消极愿望。**

驱散盘踞在室内的阴霾

本雅明不同意路斯的理论观点和实践原则，对他来说，将家庭室内环境看成是躲避城市纷扰的庇护所，这一观点一点都不新鲜，只是 19 世纪迷思的现代翻版，那时人们就相信中产阶级室内是居住者性格的完美体现，也是他们的退避之所。在此，我们又一次涉及本雅明对 19 世纪居所与 20 世纪住宅的基本区别的洞察。路斯和柯布西耶似乎基本上都是反对多于赞成，不愿意面对这一矛盾：前者呼吁返归传统居所，靠引入一种表现性的新室内设计语言；后者则一力主张将那些令人窒息的室内装饰清理得干干净净。而在《巴黎，19 世纪的首都》一文中本雅明指出，正是青年艺术风格挟其总体艺术理想，在审美和文化两个层面终结了中产阶级文化艺术从更广阔的社会和经济领域吸取力量的努力：

> 世纪之交，在青年艺术风格的影响之下，室内设计发生了巨大的变化。当然，根据它自己的意识形态，青年艺术风格运动认为它们已经将室内设计带到了顶点。似乎改变孤独自守的灵魂是它的目的。个人主义是它的理论……

但是，青年艺术风格的真正含义并没有包含在这一意识形态里。它只是代表了被技术封禁于象牙塔中的艺术试图冲破牢笼的最后一次尝试。（Benjamin 2002：38）

本雅明继续说，面对机械制造向所有产品领域的全面无情的渗透，青年艺术风格努力将有机的感觉重新带入社会生活，他们的方法是发明新的形式，让人联想起"自然的植物形态"（出处同上）。这样的努力注定要失败。只是，当现代科技动员的结果居然是世界大战的灾难性后果显现之时，人们方真正意识到，单靠艺术自身是绝难使社会结构与生产力相匹配的。这一洞见在早期达达主义者的努力中清晰可见，而后是超现实主义者积极跟进；艺术生产中，艺术的自我破坏一直是一个独立且得到特许的方面，引领其走向政治化。

在《拱廊计划》的一个未完成章节中，本雅明比较了柯布西耶的纯粹主义和布列东的超现实主义，并对现代主义进行了分析。柯布西耶的主张是在城市尺度上精准推进现代建筑，以此将 19 世纪的居所荡涤一空；布列东则清楚地知道，想要轻易抹平 20 世纪的空间遗留物殊非易事。在《巴黎，19世纪的首都》一文中，本雅明毫不含糊地将这一发现归功于超现实主义：

> 巴尔扎克是最早谈到资产阶级废墟的人。但却是超现实主义者睁开双眼看清这件事。生产力的发展瓦解了上一个世纪的象征愿景，这一过程甚至在它的纪念碑倒塌之前就已然开始了。19 世纪生产力的发展将建造一事从艺术中解放出来，就像 16 世纪科学将自身从哲学中分离出来。建筑学迎来一个新的起点：工程师的建造。（Benjamin 2002：43）

1922 年开始德国艺术家马克斯·恩斯特（Max Ernst）与一些朋友结成了一个内部的小圈子，两年后正式发展为超现实主义运动。在与巴黎超现实主义者密切交往的过程中，恩斯特发展出一种绘画技巧，将现实主义作品与各种各样的梦境彼此冲突地结合在一起。这类作品中最著名的是三部拼贴小说集，里面有 19 世纪的小说插画，跟各种奇怪不协调的画糅合在一起。第一个这样的作品是 1929 年完成的，名叫"百头女"（La Femme 100 Têtes），收录了好多这一类的画面，其中有 19 世纪的室内环境和人物，与毫不相干的东西生硬地组合在一起，构成一种让人大惑不解却充满暗示的画面。

比方说，有一幅插图，前景处走着一个年轻女人，肩膀上停着一只巨大的鸽子。背景似乎是一个空旷的博物馆房间，但房子里还有一个植物园，远远地有三个男人站在塔上。其他画面也都充满了视觉寓意，但确切的意思很难说清楚。另一幅插图画了一个中年男人躺在扶手椅上。扶手椅漂浮在波涛汹涌的海面上，前景处有一只赤裸的女人手臂，从海浪中向那男人伸过去，背景则是一股白浪扶摇直上，最远处还有一座灯塔。很清楚，通过这样的拼贴，恩斯特希望实现当年布列东和菲利普·苏波（Philippe Soupault）在文学领域里主张的"自动写作"，让事物自发且出乎意料地相遇。

在 1934 年的《上帝的一星期》（Une Semaine de bonté）中（参见 Ernst 1976），恩斯特完成了他最精致的拼贴结构。这一晚期作品按照一周七天来排列，画面中的元素包括一些传统的事物如"水"和"火"，以及一些非传统的、相当主观的东西如"泥巴"和"黑色"。每一帧画面本身都暧昧不明，画面之间的叙事关系更是碎片化和细若游丝的。很显然，这个作品的指导思想就是布列东宣称的超现实主义目标：感官混乱。这些画作还特意强调了压抑的性心理暗示，如画面中常有裸身且看上去柔弱的女性形象，以及头戴牛头马面或身体其他部位长着动物器官且掠夺成性的男性人物。这表明超现实主义同精神分析之间密切的亲缘关系，二者都喜欢对人的感知和经验进行心理分析，布列东本人就特重此道。艺术理论家哈尔·福斯特（Hal Foster）曾写过一篇关于超现实主义的尖刻又微妙的文章《痉挛的美人》（Convulsive Beauty），就强调了恩斯特的作品同弗洛伊德的"死亡驱动"之间的明确关联：

72

> 特别是在《上帝的一星期》中，被压抑者的戏剧性回归不仅表现为人物的妖魔化，也表现为室内空间的歇斯底里化：一些画面激起"变态"的欲望（如鸡奸和受虐狂），充斥于这些房间，特别是在那些具有表现作用的细节——如墙上挂的画，立在墙角的镜子中。在此，镜子作为感官现实的反射，也是现实主义绘画的对等物，充当了窥视精神现实的窗口，成为超现实主义艺术的代言人。（Foster 1993：177）

福斯特的这段分析将本雅明笔下受诅咒的 19 世纪中产阶级房间和恩斯特笔下直到 20 世纪仍然萦绕在房间上空的鬼魂联系起来。他进一步指出，恩斯特画中那些用来拼贴的物品，是从当时的时尚商品目录中获取的。本雅明曾屡次提到的超现实主义的作品和那些过时商品间的关联，如今被福斯特清楚地展现在我们面前：

> 这些室内都塞满了地毯、窗帘、小雕像和各种各样的装饰物，统统都包裹在历史样式或自然主题中。但这些假装贵族气派的小把戏都不能保护这些物品免遭工业产品的侵蚀，更不要说它们的主人了……它们身上那些

让人发狂的光泽早已暗淡了，只留下一些期许，一些渴望，它们当初因此而被造出来、被购买。在他的拼贴画中，恩斯特抓住了这些线索。其结果是，这些19世纪中产阶级的物品，在他的画中与其说是遗迹，不如说是幽灵。（179-82）

《拱廊计划》中有一章题目叫《室内和痕迹》（The Interior, the Trace），里面罗列了不少素材，其组织原则可以追溯到本雅明对布莱希特的诗意观念的接受：从居所中"抹去痕迹"。正如我们所见，20世纪城市中的现代精神希望从居所中抹去的，乃是19世纪居室空间中的舒适感（德文为Gemütlichkeit）。在同一篇文章中关于室内的最长一段评论中，本雅明认为19世纪"沉迷于居所"（addicted to dwelling, Benjamin 1999b: 220）。他把人们理想中的居所比做蜗牛的壳，房子因此成了居住者身体的一部分："19世纪人将房屋看作人的收纳盒，它把使用者和他全部的物品完完整整地收纳其间，让人想起装罗盘的铁箱子。"（出处同上）同一个房间中的物品也都具有类似的功能："19世纪到底没有将每一样东西装进盒子里！那些怀表、拖鞋、体温计、扑克牌——可是依然有包装盒的替代品呀，那些保护套、小毯子、包装袋，还有书皮。"（出处同上）这样，中产阶级房间中的物品就成了房间本身功能的缩影。从20世纪20年代回望，本雅明认为传统室内的这一象征功能随着时间的流逝逐渐消失了：

20世纪多孔且透明，张开双臂拥抱光亮和新鲜空气，将传统意义上的房间扫进历史的垃圾堆……青年艺术风格以极端的方式敲开了世界的壳。那个有壳的世界如今已经彻底消失，人的栖身之所也已大大压缩了：对于活人来说，他们的住宅更像旅馆房间；对于死人来说，他们必须去火葬场。（221）

本雅明说住宅已经取代了居所，这一说法尚存疑问；但是我们不能不承认，本雅明对历史两面性的思考是难以辩驳的。**他对历史的看法——将所有时刻同时看作灾难深重的现实与充满希望的未来的复合体，让他的现代性思想与先锋意识形态之间拉开距离，后者固执地以为技术进步是一种历史必然，且不可逆转。**相反对本雅明来说，历史感知作为一种思想，正好可以拿来对抗历史决定论模型。在《历史哲学论纲》（On the Concept of History）一文中，本雅明指出学者的任务是"逆流而上，重振史纲"（to brush history against the grain，Benjamin 2003: 392）。

从私人居所到集合住宅

既然本雅明认为现代主义就是从居所到住宅的转变，从积极的角度来看，住宅到底是什么呢？我们已经看到，本雅明高度肯定透明材料如玻璃的使用带来的社会价值，将之与超现实主义实践引发的"社会革新的沉醉"相提并论。基于同样理由，他拒绝现代主义建筑师夸大其词的说法，认为可以通过个别英雄人物的力量，一举清除前现代时期的断壁残垣。正如一个人若想从往昔中跋涉而过，必先经历痛苦的回忆，社会解放也必须唤起集体意识的革命行动，掀翻曾由资产阶级把持的物质历史。我们或许还能记起本雅明在关于电影的思考中清晰表达了对集体实践的提倡，下面我们将从他的城市写作入手，寻找更多线索。

在关于那不勒斯的文章中，如我们所见，本雅明对城市生活的描述集中于它的外部特征和"松弛"的性质。对幽闭室内的恐惧感，因此带来地理空间和社会阶层两方面的区隔：封闭的室内代表欧洲北方和资产阶级倾向，开放空间则代表地中海和工人阶级。而文中使用了"松弛"这个概念，来描述一种城市环境，它在很大程度上给人们提供了逃脱现代工业、经济模式和城市发展所带来的种种问题的机会。最能吸引本雅明的似乎就是那不勒斯城市环境中那如迷宫般的混乱。至少在那不勒斯的例子中，本雅明对于城市活力的经验，与现代建筑通过它的材料和建造方法制造出来的开放的室内空间毫无干系。相反，这种活力被归因于市民对节庆的永不消退的渴望。节庆或狂欢，传统上是一种阶段性的事件，在节日延续期间，正常的社会阶级被颠覆了，一种平等精神主宰着城市生活，尽管这一切都只是暂时的。

75

本雅明很清楚工业化的社会效用主要是更加严格和徒劳无功的强制化标准，于是他寄望于现代主义者建设性的实践来打破工具理性的决定作用。尽管本雅明在那不勒斯文中对节庆的期待代表了一种针对现代社会病的不切实际的解决之道，它也同样让我们了解，本雅明对住宅的积极态度中包含了从住宅室内空间向城市外部空间转移的意思。搁在当代语境里，我们不难发现本雅明其实是在呼唤有活力的公共空间。本雅明想要说的是：消费社会可以自发形成类似节日般的气氛。这一点，我们可以在他的那不勒斯文章和莫斯科文章中找到确凿的证据。今天的语境中，城市设计师通常已经抛弃了功能主义者强制性的规划分区，将住宅和商业零售部分混在一起，形成一种多功能的居住密度。

可是，回过头来看住宅和居所的区别，在于住宅的设计师摒弃了居所中对使用者的至高无上的个性表达的推崇。对于本雅明来说，**蜗牛壳般的居所代表着一种错误的慰藉，为使用者提供了受到保护的幻觉，使其免遭发达资本主义时代社会状况的侵蚀。采用马克思的表达方式，我们可以这样说：居所是统治阶级的鸦片。**对本雅明来说，拥有这样的居所，正是 19 世纪中产阶级的最大心愿。他的居住理念绕开了现代主义者指出的道路，另外开辟了一种个人居所狂迷之外的社会解决方案。

《拱廊计划》中有个断章名叫《关于知识的理论，关于进步的理论》，本雅明讨论马克思的著名论断："世界历史形式的最后一个阶段是喜剧。"（Marx and Engels 1978: 594）引用了一段马克思的原话之后，本雅明进行了一句话的点评："超现实主义就是 19 世纪的死亡，以喜剧的形式。"（Benjamin 1999b: 467）回想本雅明关于超现实主义任务的关键论断——"将被［贫乏的室内，奴役与被奴役的物品］封禁在'气氛'中的无尽之力释放出来，使其聚集到爆炸的程度"（Benjamin 1999a: 210），两相联系，不难看出他说"喜剧"是别有深意。在他关于"超现实主义"的文章中，本雅明进一步说明了室内的革命性爆炸到底是什么意思：

> 在这个物的世界的中心矗立着巴黎，那是他们梦萦魂牵的地方。但是只有造反才能完全暴露出巴黎的超现实主义面目。只有城市真正的面目看上去才像超现实主义。无论德·基里科（de Chirico）还是马克斯·恩斯特，他们的绘画无法表现城市中心堡垒的那种高耸和陡峭。人们只有跨过这些堡垒，占领这些堡垒，才能掌握它们的命运，并且在它们的命运及其中人群的命运中掌握自己的命运。（211）

《超现实主义》一文的最后一段表明，"从沉醉中获取革命力量"需要认清技术和人类社会的二元悖论，这与现代主义建筑宣扬的那种英雄主义的历史决定论观点南辕北辙。现代主义是严肃的，要的是那种干干净净的空间；本雅明则呼唤超现实主义的沉醉的"形象领域"。尽管本雅明不反对齐美尔所谓现代城市环境造就了现代人特殊的人格，他也同样主张通过艺术沉思对其进行集体修正。这种沉思要求将现代科技为真正普遍的大众革命服务，进行真正意义上的社会改造。像柯布西耶这样的现代主义建筑师试图使技术创新成为特定社会结构的支撑。相反，本雅明的问题是如何控制技术革新的力量，使其成为社会革命的物质基础。

有意思的是，在将技术应用于艺术领域并从中识别革命潜力的关键时刻，本雅明较少谈及革命性的阶级觉醒，倒是更多谈到诸如集体习惯的改变一类的事情。正像齐美尔的社会心理学植根于城市大众的"精神生活"中，本雅明所谓现代建造基础的社会影响，反映在大众肌体的整体变化中。这种生理上的变化，并不会引起大众精神的改弦更张，而是会引发新的集体行动。这种集体行动，若以类似于超现实主义的下意识行为加以辅助，将引发大众身心状态和一种公共"形象领域"的革命性的综合：

可以将集体大众看成一个肌体。技术上用以组织它的物质只能通过其全部的政治和确凿的现实产生于那个"形象领域"，我们从这里开始获得世俗启迪。身体和形象领域在技术上相互渗透，使全部革命张力变成集体的神经网，整个集体的身体神经网变成革命的放电器。唯在这时，现实才能逐步攀升，达到《共产党宣言》所要求的那种程度。目前来看，只有超现实主义者们明白当前的任务。
(Benjamin 1999a：217-18)

若干年后，在关于艺术作品的论文中，本雅明重新谈到关于革命的问题，题目叫《集体的神经支配》（innervation of the collective, Benjamin 2002: 214）。然而此时，讨论的直接艺术媒介是电影。本雅明区分了技术的两个阶段，第一阶段即试图"征服自然"的阶段，第二阶段转而谋求"自然与人之间相互作用"（107）。本雅明强调说，完全进入技术的第二阶段，是人类获得解放的前提条件，电影则可成为桥梁。

78　在 1934 年完成的一份手稿中，本雅明提供了一条线索，让我们了解 19 世纪居所观念的瓦解与喜剧电影的关系。他在此处特别提到卓别林的电影，说它"像一个犁头，从群众中间铲过去；笑声让人们身心放松"（Benjamin 1999a: 792）。我们应该还记得，在关于艺术作品的文章中，本雅明将群众面对毕加索绘画时的消极态度与观看卓别林电影时的积极反应进行了一番对比（Benjamin 2002: 116）。这意味着，超现实主义的蒙太奇必须想办法将卓别林电影的流行元素纳入其中，给大众提供宣泄的机会，将 19 世纪过时的居所图景理想从社会肌体中剔除干净。

尽管纯粹主义建筑几乎没有提供喜剧的社会功效，超现实主义在前卫艺术中的领地却一直相当有限。关于艺术的革命性，**问题在于：如何将现代主义建筑许诺的物质环境解放同超现实主义者的拼贴喜剧结合为一体？**对本雅明来说，与其向未来索要解答，不如往历史中追寻。100 年前，在纯粹主义和超现实主义都远未来到这个世界上之前，这样的情形就已经出现了：它出现在 19 世纪初的巴黎拱廊街。

城市的形象

本雅明心目中的现代主义因而充满了彼此对立的因素：纯

粹主义和超现实主义；进化和革命；理智和沉迷；悲剧的精英主义与喜剧的流行文化。但本雅明的辩证法并未指向具体的解答，借以消解对立双方之间的紧张对峙，将之融为一体。本雅明的倾向，非但不能调和纯粹主义同超现实主义间的矛盾，反而会使之激化。可是面对如此矛盾，本雅明并不像后世的罗伯特·文丘里（Robert Venturi）那样，采用后现代时期才有的"二者皆可"的态度，从而直接走向现代主义者的"非此即彼"的反面（Venturi 2002: 16）。如我们所见，本雅明对前卫艺术的政治期望非常殷切，而且，从他对吉迪翁的接受度可以看出，他的思想中也包含了现代主义建筑的成分。本雅明与现代主义保持距离，很大程度上是因为它错误的自我认知，而与其实践无关。某种程度上，这一距离要归因于现代主义者在公众和建筑学术界面前摆出来的挑衅姿态。正如本章导言部分所谈到的，现代主义的真正含义迄今为止未有定论。从这意义上讲，本雅明的作品具有无可估量的价值。

　　如前所述，本雅明从两个方面理解大众对建筑的接受方式：建筑总是被集体感知，且是在某种"分心"状态下被感知。在此，"分心"一词不包含任何贬义，且若以一种积极的眼光去看它，则代表着一种经验的扩散（德语词源为 Zer-streuung，streuen），渗入社会肌体的每个细胞，而不是禁锢在室内或个别接受者的有限经验里。在德语日常应用中，Zerstreuung 的意思就是简单的"找乐子"。从建筑学能够代表的现代科技的程度来看，本雅明认为它必像所有的唯物历史过程一样具有两面性。本雅明心目中建筑空间的模糊特征可以用他笔下反复出现的两个相互对立的"观念形象"所代表：建筑室内（interior）和迷宫（labyrinth）。尽管迷宫的形象中隐含着超现实主义的冒险精神和无方向感，很显然，室内空间的压抑也很容易转置到城市环境和公共空间中。对本雅明来说，最重要的例子显然是奥斯曼（Haussmann）为应对 1848 年革命而推行的巴黎城市改造计划。在本雅明的著作中，这样的行为表达了"拿破仑式帝国主义"和"对城市底层群众的憎恨"，这些群众已经觉醒，并清醒地意识到自己与城市之间的尖锐疏离（Benjamin 2002: 42）。假如说建筑能让人更清楚地看到自身异化的处境，它是否也能带来积极的解放行动？借用本雅明的"观念形象"来描述此事：是否可以将受诅咒的室内转化为通往自由的迷宫？

在《柏林日记》中，本雅明记录了发生在巴黎的一个关键事件。在他的反思性追溯里，他把这看成是一座城市将记忆和想象编织在一起的一种方式：

> 突然间，一个念头击中了我，我内心感到一阵强烈的冲动，去绘制一张关于我的人生的图表，与此同时我清楚地意识到该如何完成它。我从一个简单的问题开始，向自己的人生发问，然后将答案记录下来，那答案就像自动流出来的一般，被我写在随身携带的一张纸上。过了一年或是两年，当我发现这张纸不见了，我痛不欲生。之后我屡次想重新来过，但它再也没有出现在我的脑海里，像系谱图般生长，如在巴黎的那次那样。事到如今，当我在脑海里重新思量它的大致轮廓而不是非要去重新把它写在纸上的时候，我居然似乎看到了一个迷宫。我其实并不太关心在它那神秘的中心到底藏着什么，是自我意识还是命运都无关紧要；我唯一关心的是通往内部的那些入口。我把它们叫作"原始通路"，有多少原始的关系，就有多少通往迷宫内部的入口。（Benjamin 1999a: 614）

咱不去谈本雅明弄丢了他的"人生图表"的事，可以肯定的是，迷宫这个建筑形象对本雅明建构自己的思维体系有着决定性的影响，这一点在他的书中有很多线索可循。对普鲁斯特来说，记忆中的形象全部都是回溯性的，让作者捕捉到已经不复存在的往日经历并强化它；本雅明心目中的迷宫形象则从过去延伸到现在。作为一个原始意念符号或原型，它既不是被完全有意识地期待着（这在"就像自动流出来一样"的描述里可以得到证实），也不是严格地从属于个人。这个问题我们会在下一章进行深入探讨，说明这样一个空间形象为什么是高度乌托邦性质的。眼下，我们需要考虑的只是如何从建筑学角度去建构这个迷宫。

一旦开始考虑如何建造这个迷宫，就已经在某种程度上破坏了本雅明的观念形象。作为一种图景，迷宫既不可能从物质环境中直接构思出来，也与建筑学的草图或平面图无关。本雅明想要借助的"图表"其实并不是说明书或真的要实际建造。他构思它，只是为了说明脑中观念形象的空间特征。他不是已经明白地告诉我们了吗？他并不关心迷宫那"神秘的中心，自我意识和命运"。他的图表因此也就不是拼图游戏或字谜，设计出来供人分析、给人猜测。相反，重点是那些入口——"抵达内部的通路"。这是一些从外部进入城市空间的魔力之门，理解了这一点，能让我们更加清楚地看到本雅明的观念与柯布西耶关于建筑学意义上的平面图之间的差别：

81

> 我们不妨把自己限制在建筑学这门古老学问的范畴内。仅在这门学问的范围内观察事物，我要从揭示一个重要的事实开始：一个平面，是从内向外生长的，因为一座房屋或一个宫殿本是一个器官，就像任何有生命的动物一样……考虑到基地上面的建筑作品，我想在此重申：一切外部皆是内部。（Le Corbusier 2007：216）

很明显，本雅明的迷宫形象与柯布西耶理解中建筑平面的概念截然不同。只要稍微了解迷宫的观念形象，就会明白必须将柯布西耶的格言反转过来才能与之匹配：一切内部都是由外部进入的接口的实际功能。

在巴黎拱廊街中，两种看法相遇了：一方面，作为日常消费行为的发生地，它们是"没有外部的房间和通道"（Benjamin 1999b: 406）；另一方面，作为内部，由于玻璃的使用，它们又完全暴露于外。与此同时，将超现实主义者吸引到这一话题，是因为他们感觉到它就像一个地下城市，隐藏在奥斯曼那些强迫症般的林荫大道后面。本雅明认为这些林荫大道是一种政治压迫，很不喜欢。勒·柯布西耶则不吝表达他对奥斯曼的赞美钦羡："那个无冕之王给他的臣民留下的伟大遗产：奥斯曼在拿破仑三世时代完成的杰作。"（Le Corbusier 1929: 93）奥斯曼在 19 世纪 50 年代开始推行他的城市改造计划之时，几乎所有的拱廊街都已经建造完毕。巴黎开始在一个更宏伟的尺度上被重新设计，转移了人们对拱廊街的关注。它们身上的时尚光辉很快消退。作为一种建筑类型，拱廊街也随之被人们遗忘：首先，从建筑师和建造者的角度来看，拱廊街已经不再得到建筑行业的承认了；其次，从顾客和买卖人的角度来看，它再也不是时髦的象征，从此迅速地被人们抛弃了。

故而，当本雅明求之于迷宫的形象来表达他对人造环境的潜在经验之时，这种行为更多代表着一种挽留，而不是创造。当超现实主义者因为他们心爱的歌剧院通廊的拆除发出声声哀叹之际，本雅明指出他们作为 19 世纪中产阶级欲望对象的社会功能早已丧失殆尽。作为大量商品交易进行的场所，拱廊街在本雅明心里只能是受诅咒的中产阶级室内的变体和衍生物。与此同时，作为一个关键的历史地点，拱廊街展现出历史两面性的基本特征：大灾难和救赎。

那么，本雅明通过创造"迷宫"这个观念形象，到底想

告诉我们关于人造环境的什么秘密呢？就像普鲁斯特从物品中启动记忆并从中读取人生一般，本雅明是在说，即使是大众的历史，也必须先仔细挖掘、认真寻找，才能发现其他可能的道路，通往不同的发展方向。为了让这种考古成为可能，就必须找到物质的遗迹。换句话说，巴黎拱廊街虽然在功能上无用了，在形式上过时了，其物质形态却依然存留下来，这一点至关重要。如果没有这样的空间废墟，本雅明的文化历史研究永远无法开启。研究从资产阶级室内和城市迷宫入手展开，就像本雅明热爱的侦探小说，是在一大堆旁证的基础之上复原犯罪现场，找到真正的历史凶手。在现代主义建筑的宏大叙事中，人们似乎就要把 19 世纪的痕迹彻底抹去了；超现实主义者则寄望于拼贴和重构来稀释内心的不安。对本雅明而言，面对历史，任何政治上合理的方式，都必须从上述两种不同的行为里获得教益。真正的挑战，莫过于妥善驾驭现代建造科技，为集体喜剧或节庆服务，从而避免未来主义者的狂想和法西斯主义者的反动乡愁。

因此，本雅明对往日的寻回行为，就同时连接着历史和
科技，当然也因此必然连接着建筑。这一行为的轨迹，很像《1900 年前后柏林的童年》一书中提到的"弯弯曲曲的街道"（Benjamin 2002: 372-4），这又跟柯布西耶设计的城市中那种"笔直的大道"相映成趣。然而，并不能简单地认定本雅明这一次又跟现代主义建筑背道而驰，因为柯布西耶并不总是"非此即彼"，他也主张"驴子的行动轨迹"，因为它们"前进的阻力最小"（Le Corbusier 1929: 5）。但仅就二者之间的差别而言，现代主义者一定会这样说：直角正交仍然取得了全面彻底的胜利，因为"现代城市因直线而生，这一点毋庸置疑……曲线是废墟的形象，困难又危险；是一种让人陷入瘫痪的东西"（同上，10）。

如果我们认为本雅明对现代主义的感觉来源于布列东和柯布西耶之间的观念对峙，那么迷宫的形象一定要放置于现代科技的语境下方能理解。**本雅明显然认为那种个体式的、与世隔绝的居所概念已经时过境迁了。建筑领域的进步活动一定以建造集合住宅为目的，在这种居住条件下，人们不会奢望在房间中刻下个人生活的痕迹，相反，他们会积极参与到集体节庆中去。**假如我们乐意为这样的想法寻找一种积极的建筑形象来匹配的话，我想应该是那种临时性的、可移动的或游牧式的建筑。多么矛盾。它将引发艰难的思想实验：现在不是用电影来表现建筑，而是将电影重构为建筑。这样想来，我们立刻就会明白本雅明艺术和科技思想中的乌托邦维度。

84

第 4 章
乌托邦主义和现实功用

乌托邦政治

很明显，早期现代主义建筑师普遍怀有一种乌托邦情结，极大地影响了建筑学和城市规划。可是，却不能简单地认为现代性或现代主义促成了建筑学与乌托邦思想的联姻。对此，戴维·哈维评论道：

> 人们常常把"城市"和"乌托邦"的形象联系在一起。在其早期形态中，乌托邦思想往往被赋予某种具体的城市形态，而城市设计和规划领域，哪怕从最广泛的意义来看，其中的每一件事物都被乌托邦思想模型所感染（有些人可能会喜欢"鼓舞"这个词）。（Harvey 2000：156）

乌托邦的历史真可谓五花八门。因此，在讨论本雅明的城市研究与乌托邦的关系之前，了解本雅明本人思想的丰富性也是至关重要的。关于这一点，我们依然要考察他在撰写关于艺术的论文的同时，即在 1935 到 1936 年间完成的手稿片段。在这部手稿中，本雅明已经明确地将乌托邦问题与现代科技和革命实践带来的社会冲击联系在一起。正是在这部手稿中，本雅明提出了关于人类天性的两个不同维度或阶段的理论：第一阶段，生理性的和肉体性的；第二阶段，技术性的。关键论断出现在手稿末尾：

> 但这双重的乌托邦将会在革命中自我证明。集体大众

不仅会将第二天性当作第一天性在科技层面的延伸而激发革命渴望，即使是第一天性（主要是人类个体的物质身体）也还远远没有得到满足。这些赤裸裸的渴望，将会首先替代人类发展过程中由第二天性提出的那些问题……

（Benjamin 2002：135）

　　只有回到关于艺术作品的文章，才能更好地理解这句话的意思。在这部作品中，就像我们在上一章中谈到的，本雅明将人类的两种天性与科技的两个阶段联系起来：第一阶段谋求征服自然，第二阶段实现人类与自然的相互作用（interplay，或德文 Zusammenspiel）。本雅明确信像电影这一类现代媒介具有革命潜能，是基于以下前提："只有当人类全体适应了第二科技阶段所释放的新生产力之时，科技才能将人类从工具的桎梏中解救出来。"（Benjamin 2002：108）

　　正如我们在前一章中所谈到的，本雅明认为人们审美接受力的转向，即从个体的沉思到集体的"分心"，实则源于他对现代艺术和科技的更广泛的认识，在新的历史条件下作为整体的人类新的自然天性和身体特征。尽管前工业时代的科技发展动力来自于满足基本物质需求的低级目标，工业时代的科技，基于其经济规模和理性效率的指数级提升，则实现了人与自然间的一种新型关系，更加好玩，也更具创造性。本雅明非常喜欢"玩"（play，德语是 Spiel）这个字眼，让我们回想起德语文化中一个历史悠久的美学派系，可以上溯至 18 世纪末的康德和席勒。但与其他人不同，本雅明语境中的"玩"并非像一般情况下那样关联到个体的想象力和创造力，而是将之嫁接到与科技和集体革命相联系的艺术实践中。

　　如今的话语环境，很少有人会认真对待类似于"艺术可以带来社会解放"这一类的口号。对今天的读者来说，想要很好地理解本雅明当年对现代艺术和媒介的政治潜能的显而易见的乐观估计，是非常困难的。可是，与阿多诺这一类本雅明的批评者不同，本雅明本人从来没有轻率地认为艺术作品投放到社会或政治实践中可以轻而易举地产生效果。非但如此，艺术作品只有表达了集体自由、平等和真实参与的缺失，才能真正发生效用。这意味着，对本雅明来说，艺术作品只能准确地发挥救赎（或乌托邦）作用，因为它产生自社会大灾难的历史条件下。换句话说，现代艺术与媒介获得政治响应的唯一途径就是制造负面图像，告诉人们发达资本主义条件下的社会如若失去了对正义的内在渴求，会变得多么不堪。这正是本雅明著名的哲学概念"辩证意象"，它"在危急时刻，出乎意料地现身于历史主体面前"（Benjamin 2003: 391）。辩证意象其实并不是现代科技的产物，但当现代科技被严重误用的时候，它就会适时出现。

87

乌托邦以反面意象显现的观点，至少在形式上与卡尔·曼海姆（Karl Mannheim）的看法类似，他管它叫"乌托邦意识"。根据曼海姆的说法，这种意识作用之下，作者会将真实的历史现实以一种相反的形式呈现出来（Mannheim 1995: 172）。几乎可以肯定本雅明对曼海姆出版于 1929 年的著作《意识形态与乌托邦》（Ideology and Utopia）了如指掌，也熟知霍克海默尔（Horkheimer）对它的批评（Horkheimer 1993: 129-49）。更重要的是，当我们谈到本雅明对乌托邦主题的研究之时，需要对 19 世纪到 20 世纪激进的社会主义革命条件下这个概念的波折命运有所了解。

关于乌托邦概念的历史，弗里德里希·恩格斯在他名为《乌托邦社会主义和科学社会主义》（Socialism: Utopian and Scientific）的著作中有所讨论。这本书最早出版于 1880 年，书中谈到 19 世纪早期的乌托邦社会主义先驱如圣西蒙

（Saint-Simon）、夏尔·傅立叶（Charles Fourier）和罗伯特·欧文（Robert Owen）等，之后恩格斯评论道："这些新的社会构想被称为乌托邦，这暗示了它们的悲剧宿命——它们被描述得越完善，细节越详尽，就越不可避免地沦为纯粹的空想。"（Marx and Engels 1978：678）"纯粹的空想"一词在这里显然具有贬义，基本上等同于脱离了任何实际考量和唯物辩证法的胡思乱想。对恩格斯来说，空想社会主义缺乏对真实历史的了解，却希望最终能够通过主观假设来改变社会结构，说它主观，是因为这些思考都未曾立足于资本主义经济运行的基本架构之上。本雅明不赞成这样的社会观念，坚持认为现代科技会不可避免地催生基本上是无意识的集体乌托邦，有待于子孙后代有意识地兑现。在晚期的文章《历史哲学论纲》中，有一个章节将这种对乌托邦的正面评价与对科技和自然关系的重新思考联系起来：

> 这种观念［庸俗马克思主义的自然观］只认识到人类在征服自然方面的进步，却没有认识到社会的倒退。它已暴露出专家治国论的特征，随后在法西斯主义里面又一次听到这种论调……与这种实证主义相比，傅立叶的幻想就显得惊人地健康，尽管它是如此经常地遭到嘲笑。在傅立叶看来，充分的协作劳动将会带来这样的结果：四个月亮将朗照地球的夜空，冰雪将从两极消融，海水不再是咸的，飞禽走兽都听从人的调遣。这一切描绘出这样一种劳动，它绝不是剥削自然，而是把自然的造物，把蛰伏在她子宫之中的潜力释放出来。（Benjamin 2003：393-4）

在这段叙述里，本雅明的观点似乎是，傅立叶的乌托邦思想认为应进行社会组织的改革，使其适应生产力科技发展带来的一系列变化。本雅明在《巴黎，19世纪的首都》里进一步说明这个观点。从同时代人舍尔巴特（Sheerbart）采用玻璃这种现代建筑材料完成的乌托邦实验住宅中，本雅明找到了先驱傅立叶在乌托邦作品《共产庄园》（phalanstery）中精密构思的当代版本。作为一个乌托邦的建筑想象，共产庄园被描绘为一个由连绵不绝的通廊组成的城市，整个城市的建筑物由连廊相互连接形成网络，实现各种公共功能。本雅明说，傅立叶从拱廊里看到自己的建筑构思的标准样板，结果"共产庄园变成了拱廊街的城市"（Benjamin 2002: 34）。具体地说，傅立叶的乌托邦建筑其实期望人道主义与工业技术和谐共处：

> 组织上高度精密的共产庄园看上去就像一台机器。情欲的网络，机械情欲（passions mechanists）与神秘情欲（passion cabaliste）之间复杂的共同作用，正是这座复杂的机器通过心理材料实现最初架构的基础——如果比作一台机器的话。这台社会的大机器的零件是人，产品是流着奶和蜜的土地，这就是傅立叶那充满了新的生命渴望的乌托邦希望实现的理想。（出处同上）

乌托邦建筑与愿望符号之间的联系被本雅明拿来，当作一个"退化变形"的证据，代表着拱廊街从高强度的商业零售空间向真正的集合居住区的转变。我们现在明白了，对本雅明来说，面对现代物质文化唯一进步的态度，就是停止抵抗，目送居所演变成住宅。正如威廉·柯蒂斯（William Cuitis）指出的，19 世纪末埃比尼泽·霍华德（Ebenezer Howard）提出的花园城市理想，可以认为直接来源于傅立叶的乌托邦建筑构思。他对傅立叶的乌托邦的描述颇具启发性：89

> （所谓的共产庄园）在傅立叶的设想中应该建设于乡

村环境中，包含供 1800 名居民使用的全部必要功能，人们为了防止自己陷入劳动分工的泥沼，每天都花时间发展各方面的才能，培养自己全方位、无盲区、无个性压抑的健全人格……各种各样的功能空间（如私人房间、舞厅、旅馆、图书馆和气象台）都被长长的廊式街道联系起来，促成人们的偶遇和交流，并体现着平等主义的社会构思。（Cuitis 2002：242）

无独有偶，另一位早期的城市设计师勒·柯布西耶的城市理想，可以追溯到另一位欧洲空想社会主义者亨利·圣西蒙。针对柯布西耶 1922 年为巴黎制定的"300 万人口的现代都市"规划方案中等级分明的社会功能分区方案，柯蒂斯评价道：

这个方案带有显著的意识形态色彩；很显然，勒·柯布西耶吸取了圣西蒙的观点，特别是关于一个仁爱的技术精英作为代理人领导人民实现全面进步的观点。这一社会形态的象征即是位于城市中心区的摩天楼，而对科技的浪漫化处理，演变为那些极其宏伟的街道路网和整齐划一的建筑群。（247）

90　　　相比较而言，本雅明的进步乌托邦却并非仅以促进现代技术的"自然发展"为目标。将技术纳入对人类进步的狂迷中，在本雅明生活的时代，是意大利未来主义者为世人提供的药方，后来也在法西斯主义的社会理想中再次出现，在两次大战之间的欧洲甚嚣尘上。这幅图景，多多少少来自早期和谐社会主义的空想家傅立叶或圣西蒙等的浪漫许诺，本雅明要做的恰恰是打碎这些图像。

戴维·哈维曾谈到"空间形式"的乌托邦和"社会进步"的乌托邦之间的区别，可以部分地说明本雅明的乌托邦概念和空想社会主义者之间的区别。哈维所采用的马克思主义批评方法，本雅明也是信奉的。他认为，建筑学乌托邦的一个根本的自相矛盾处，是它寄望于永恒不变的社会和谐，却要依靠资本主义经济发展来实现，而后者却持续不断地造成社会变迁和动乱。对此，哈维评论道：

> 乌托邦的发展往往需要在动态的社会过程中才能实现，而空间形态的乌托邦一经想象出来就使这一过程趋于静止了。然而在实现过程中，事情发生逆转，真实的历史进程往往是社会反将乌托邦理想掀落于马下。（Harvey 2000：173）

但这并不意味着建筑乌托邦的细致想象和形式建构都是一文不值的意识形态垃圾。相反，无论对本雅明还是哈维来说，通过具体的建筑形式来实现乌托邦的空幻理想，都无异于提供了如何在资本主义全球化经济的强大驱动力下建构社会形态的关键证据：

> 无论何种自由市场条件下的乌托邦都必须找个地方来落地，因而塑造一个空间场域来实现它的功能。它会如何将空间纳入其中？它将创造什么样的空间？这些都会成为它的真正实现过程中的关键环节。（177）

然而从本雅明的角度来看，理解当代社会的关键入手点，莫过于观察前几代人的物质文化乌托邦何以未能在今日转化为社会现实。他的结论是，只要资本主义经济还在持续运转，这一失败就是不可避免的。前文已经提到，本雅明认为现实的大溃败和乌托邦的救赎作用的辩证过程，正是以现代生产技术为主角上演的。这将我们带回到拱廊街，那里正是以工业化为基础的商业资本主义首次具体化为物质空间的地方。

这样，拱廊街就成了独一无二的考古挖掘现场，让我们有幸找到商业文化实现其最初的全面社会控制的历史条件。

巴黎拱廊街的乌托邦维度

对本雅明来说，拱廊街之所以成为理解 19 世纪历史深层结构的要害所在，有好几个原因。首先，正是在那里，艺术第一次成为商业的附庸（Benjamin 2002: 32）。**商品橱窗无论在结构上还是在感官上都压倒一切，说明拱廊街从一开始就设想出一种仅供商业消费的视觉环境。在此，被吊高了胃口的人们，听任再多的商品呈现于目前亦不知满足。** 视觉上目不暇给不说，这些消费者更大的危险在于失去控制力，在精神上被整齐排列的商品击垮。本雅明认为这些建于 19 世纪早期的拱廊街其实是一些全景画，"一览无余的景观"意在刺激消费者，使他感觉到如同身在其他时代和其他地方。正如他在 20 世纪 20 年代那些城市文本中认为现代城市已经实现了城乡的令人不安的调和，本雅明从全景画中读到了日后城市成为景观的一次预演：

> 全景画（panoramas）作为艺术与技术关系的一次颠覆，同时也代表了面对生活的一种全新态度。那些城市居民，19 世纪曾无数次证明对乡村具有政治优先权，如今想把郊区纳入城市范畴。在全景画中，城市打开了，成为风景——就像此后面对城市漫游者所做的那样。（Benjamin 2002：35）

全景画对社会想象，或者往远里说，对艺术再现的影响是显而易见的：从此以后，"自然"不再能够在价值或意义层面直接站在人造物的反面了。有鉴于此，本雅明对拱廊街的看法预言了几十年后亨利·列斐伏尔（Henri Lefebvre）的说法："城市社会就是通过彻底城市化形成的社会形态。这一形态目前为止还是虚构，但自会在来日成为现实"。（Lefebvre 2003：1）

除了拱廊街作为艺术最初商品化之地的作用之外，本雅明还将其看作一个革命性的转折点。在那里，一些新的材料技术得到大规模应用，那就是平板玻璃和铸铁。这些物品的生产技术都不是在欧洲工业革命的基础上发展起来的，但拱廊街给它们的大规模应用创造了关键条件。从这个意义上来看，拱廊街使这些先前或是因为技术障碍或是因为生产成本限制而不能付诸大规模生产、制造和应用的材料通俗化了。也许是跟随吉迪翁的说法，本雅明也曾提到一个事实，即大规模建造是基于通用标准建筑构件的使用逻辑而实现的：比如说钢梁，既能让火车运行在标准轨距轨道之上，也能用来建造铁路旅客站和仓库。一旦标准化的基本材料构件被制造出来，现代建筑中就多了一种可供无限排列组合的工具。吉迪翁曾怀着对英雄主义现代建造技术的偏爱说道：

> 建筑中钢铁的使用标志着从手工业制造到工业化生产的转变。新建筑学的诞生日期，可以看作是旧的生产方式遭到抛弃，手工轧钢被机械轧钢取代之时。（Giedion 1995：101）

对吉迪翁来说，在向工业化大生产转型的路上，钢铁扮演的可不只是一种新型材料那么简单。它同时带来了一种全新的建筑形式："钢铁既能充当建筑的肌肉，也能充当它的骨骼。钢铁打开了空间。墙壁成了透明的玻璃皮肤。此时，在设计中使用承重墙几乎是犯傻行为，不可容忍。"（出处同上）吉迪翁此处似乎是在重复柯布西耶的话："尽管50层高楼的地

93

面层可以用砖和玻璃这样轻质的东西来充作维护结构了，人们却还是不愿意放弃承重墙。"（Le Corbusier 2007: 149）

这两句相似的表达中顶顶要紧的，是同样强调了引导职业行为自我调整的经济合理性因素，同时也满足了道德和精神需求。这样一来，不难理解为什么吉迪翁会去拥抱钢铁和玻璃，认为它为人们带来了集体解放，而柯布西耶则去为"纯粹、挺括、干净、整洁、无懈可击"的远洋巨轮建筑学欢呼："一位严肃的、看起来像是建筑师的建筑师定会喜爱远洋巨轮，把它看作一种自由，摆脱了旧日枷锁。"（Le Corbusier 2007: 158）让－路易·科恩（Jean-Louis Cohen）在为新版《走向新建筑》撰写的前言中认为，柯布西耶早在1913年就认识到现代钢铁建造技术和社会解放之间的关系了，他曾在通信中与某人讨论此事。（6）

我们可以清楚地看到，本雅明坚信在建筑中使用钢铁和玻璃与实现社会政治解放之间有着紧密的联系。可是，有必要指出的是，在本雅明最初的一些关于拱廊街的手稿中，他将这些19世纪的建筑看作集体遗忘或隔绝的场所。尽管这些文字强化了拱廊街高度模糊的形象，可以看出作者主要的感受依然是将其看作一个受诅咒的社会隔绝场所。在本雅明完成于1928—1929年间的文字片段（后来被收集到一篇文章中，取了个临时性的题目叫《巴黎拱廊街：一个辩证的仙境》）中，这一情况得到清楚的描述。以其惯常的笔调，通过描写玻璃的反射性而不是透明性，本雅明刻画了拱廊的暧昧形象：

> 巴黎是个镜子的城市。那里的沥青马路光滑如镜，所有小酒馆的门口都是玻璃隔断。咖啡厅里到处都是玻璃窗和镜子，这样室内空间更显明亮；而那些狭小的旅馆房间也因此更显宽敞。女人从玻璃的反射中比其他地方更多

看到自己的容颜，巴黎因此比别处的美人多得多。在任何男人注意到她之前，她已经在反射中察看自己数十次了。而男人们，也在玻璃反射中瞥见自己的脸庞匆匆而过。他在这里要比在任何其他地方都更多瞥见自己的形容，也更多看见自己与自己的镜像融为一体。结果，身边那些匆匆过客，他们的眼睛也像朦胧的镜子了。（Benjamin 1999b：877）

关于现代玻璃住宅的令人欣悦的解放性特征，布列东在1928 年的小说《娜嘉》（Nadja）中率先提到，之后被本雅明引用在《超现实主义》一文中（Benjamin 1999a：209）。在这篇文章里，玻璃和镜面被大量应用以反射现代人群，制造了一种反常的效果，使集体的自我形象分裂。在 1928—1929年的文字片段中，本雅明提到"拱廊的暧昧即空间的暧昧"，又指出这种双面空间的特点是"忽而是神圣的，忽而又充满邪恶气息"（Benjamin 1999a：877）。回想受诅咒的中产阶级居所室内空间和充满世俗去圣气息的现代主义玻璃住宅之间的辩证关系，很显然，拱廊街对本雅明来说正是这一对对立意象彼此相遇的地点，无论在物质意义上还是象征意义上都是如此。

就这样，拱廊街成了一个独一无二的历史地段，让工业化商品生产中蕴含的辩证张力得以显形为物质空间。与此同时，对本雅明来说，拱廊街还肩负着集体救赎的重任。**从后一个意义上讲，拱廊街像一场幻梦，预言了一个摆脱了商品生产和大众消费社会病理纠缠的社会形态。**无论如何，在 19 世纪上半叶它们刚刚出现之时，"整个建造过程都极为可疑，那时候玻璃还没有大行其道，钢铁技术也不成熟"（879）。换句话说，拱廊街实际上解答了其时尚未出现征兆、更无法给予关

95

注的来日的问题。

本雅明的同时代人和友人恩斯特·布洛赫在阐述建筑学与乌托邦之间的关系方面起到了至关重要的作用。他在 1918 年的作品《乌托邦的精神》（The Spirit of Utopia）一文中探索了表现主义和装饰主义，而《希望原理》（The Principle of Hope）一书则面对欧洲极权主义于钢铁和玻璃的"早产"式应用带来的不良后果提出辛辣的批评：

> 现代建筑起步阶段的本质特征就是开放性：它冲破了昏暗的石洞，用玻璃墙为视野赋予无限的景观，但这种内外关系的变化无疑来得太早了。反内在化的倾向沦为空虚，在资本主义的外部世界中，快乐并没有演变为真实的幸福。因为太阳底下、街面之上，并没有发生任何好事；敞开大门，推开窗户，外面却是污浊的法西斯空气，房子宁愿重新变回堡垒，甚至变成坟墓。放眼四顾，开敞是开敞了，视野中却一无所有；门外本该是来来往往的引人注意的陌生人，而不是那么多纳粹；楼下的玻璃门外本该是明媚的阳光照射进来，而不是破门而入的盖世太保。
> （Bloch 1995：734）

96　　本雅明大概会同意布洛赫说的："唯有开启一个新的社会形态方能让真正的建筑成为可能"（737），他却不大可能轻易抛弃现代主义建筑中的乌托邦思想观念。本雅明不仅没有攻击柯布西耶"房屋是居住的机器"的说法，甚至还认为，现代主义者的观念较之 19 世纪采用时代错乱的装饰手段来为技术创新扫平道路的做法强了不知多少倍。而且，在资本主义条件下，建筑学意义上的真正进步乌托邦必然来自于反对清晰功能划分的批判性解释中。只有通过这样的行动，现代建筑才能促成从压迫、不公和异化的镣铐里解放出来的乌托邦的"后图像"。了解了这些，我们总算能够明白本雅明为何将巴黎拱廊街看作乌托邦许诺的极度多义的承载者。

其实，拱廊街并不是对各阶层人等完全开放的自由空间，现实中它扮演着资产阶级客厅的外在化的角色，是受诅咒的室内向城市外部空间延伸的有效成果。与本雅明和拉西斯在那不勒斯工人阶级社区目睹的繁荣景象不同，那里生活舞台从私人室内空间向公共室外空间的转换演变为一场永恒的节庆狂欢，而在此处，城市环境转变为僵化的静物，或者说是资产阶级室内空间的"尸身"。马克思曾将商品狂热比喻为僵硬的、物化的社会关系，与之类似，本雅明将他与充满矛盾的巴黎拱廊街彼此遭遇的画面称为"停滞的辩证法"。这样的画面暗示了物质历史发展过程中的乌托邦反向运动，破解其中的秘密也就成了拱廊计划的基本任务。如此一来，建筑才能承载乌托邦许诺，而不仅仅是反事实的空泛可能性。可以说，在资本主义的人造环境中，现实的成分（大溃败）与潜在的成分（乌托邦）刚好平分秋色。因此，对建筑的批判性使用，需要将拱廊街暗示的集体梦想转变为明白无误的历史性社会行动：

> 建筑，时尚，甚至天气，像是身体器官的神经中枢，在大众的身体内部起作用，就像健康和疾病发生在个体内部，冷暖自知。只有当它们保持这种非自觉的、无定形的梦一般的状态时，它们才能像消化、呼吸等过程一样自然而然。它们日复一日地循环往复片刻不停，直到大众从政治或历史的间隙抓住它们。（Benjamin 1999b：389-90）

97

乌托邦和辩证的图像

本雅明通过"辩证的图像"进行的分析，是针对19世纪资本主义异化的现实进行的。这个空间就是现代大都会。正是在大都会环境下，拱廊街才向本雅明展现为一个完整的小世界，并预言了发达资本主义物质环境的商品化特质。可是此时拱廊街尚不能完成它们在本雅明思想成熟期所扮演的重要角色，直到他同时认识到它在乌托邦理想中的积极作用为止。

前一章中我们曾经谈到，本雅明认为超现实主义者一度释放出"革命力量"，现代主义建筑则引导这股力量实现集体物质环境的真正变革。与他在 20 世纪 20 年代那些关于电影蒙太奇实验的发言同步，他也将现代建筑看作引导现代社会实现 19 世纪技术革命许诺的必由之路。如前所述，柯布西耶将他的建筑革命看成是马克思主义社会革命的解药，而不是催化剂。但显然，本雅明将乌托邦的潜能寄托在现代建筑的实践活动中，而选择忽视那些常常是公开的反动意识形态。

如今现代主义运动已经是遥远的历史了。从今天往回看，能够得出这样的结论：对标准化方案和基本几何形体的推崇扮演了关键角色，使早先驱动现代主义建筑的先驱者的社会解放理想大打折扣，甚至遭到颠覆。戴维·哈维曾引用路易·马兰（Louis Marin）的一个观念（Marin 1984），将现代主义建筑与空间造型联系在一起。按照哈维的看法，当今对现代建筑中乌托邦主义的任何重新评估，都必须清醒地意识到其与威权主义和极权主义的内在联系（2000: 163）。他说：

> 20 世纪所有伟大的城市规划师、工程师和建筑师在着手推进他们的计划时，总是将对另外一种世界的可能性（既是物质的也是社会的）的密集想象同极端前卫的设计理念所许诺的城市与区域空间的设计和再设计结合在一起。一些设计师，如埃比尼泽·霍华德、勒·柯布西耶和弗兰克·劳埃德·赖特提供了想象空间，一大群实践者

蜂拥而上，用砖头、混凝土、高速公路和塔楼、城市和郊区去实现他们的梦想……即使批评家们对这些变成现实的乌托邦中蕴含的威权主义和平庸无趣进行大量攻击，他们也仅是将别人实现的空间秩序与自己心目中理想的空间游戏进行比较而已。（164）

在《巴黎，19 世纪的首都》中，本雅明谈到集体无意识中蕴含的"无阶级社会"在拱廊街中的蛛丝马迹，并以此为契机对乌托邦进行解读。他说：

> 而这样的社会经验——蕴藏在集体无意识中——通过对新事物作出解释，乌托邦在成千上万种生命形态中留下痕迹，从不朽的大厦华屋到瞬息万变的时尚。（Benjamin 2002：33-4）

很明显，本雅明语境中那种多样的乌托邦，与现代主义城市更新中常见的夷为平地的模式并不吻合。本雅明对现代主义的评价充满矛盾，这与他对乌托邦的复杂认识有关。这一观念既有别于现代建筑那种英雄主义的技术历史决定论观点，也不同于法兰克福学派的文化悲观主义。**本雅明的乌托邦思想充满了对当代建筑和城市的敬意，不能简单地将其视为保守的新古典主义或玩世不恭的解构主义的同类。**

尽管本雅明的观点显然与解构主义关系更为密切，他的政治观点和对代际正义的关注却与后者不可同日而语。

为了最终理解本雅明对建筑和乌托邦之间关系的看法，需要首先弄明白他是如何看待"历史"这个概念的。尽管我们可将乌托邦视为游离于真实历史发展之外的"非场所"（希腊文为 outopos），本雅明却认为它其实根植于这些发展之内，尽管并不明显。然而之前我们曾提到，对于本雅明来说，乌托邦更像一个虚幻或潜在的可能，从来不是真实存在的东西。尽管如此，乌托邦观念却实实在在地驱动着集体行为，且将人们对社会正义的渴望明白地表达出来。本雅明的乌托邦观念因此意味着一种微妙的平衡：一方面，小心避免乌托邦冲动沦为共同的精神满足（仅仅是一种集体幻觉）；另一方面，又努力使其与典型的建筑史语境中的乌托邦形态保持一致。

从本雅明对辩证图像的话语中，我们可以猜到他对前一种行为比对后一种更加青睐。不过，我们必须对"图像"一词在特定语境中的具体含义作出尽可能精确的判断，方能真正理解他所谓的"乌托邦"。在第1章中，记忆图像对本雅明思想的重要作用已经被阐述得相当清楚了。他对这类图像的数不清的描述让我们明白，他并非仅将其视为一种思想素材，而是将物质材料植入其中。换句话说，回忆的能力，当被作为社会过程考察的时候，是同时被空间与时间交相限定的。带着对记忆图像和物质空间的关联理解，我们能明白本雅明何以认为人工环境享有实现集体历史许诺的特权。这样，我们就能更准确地理解本雅明成熟期思想的核心概念，即"辩证的图像"。通过与过去时代物质文化的批判性遭逢，本雅明从历史性的乌托邦许诺中得到了它：

> 现在与过去的关系纯然是时间性的，而"过往之物"与当下的关系却是辩证的：本质上并不是时间性的，却是比喻式的。只有辩证的图像才是真正历史性的图像，就是说，不是那种虚假的古色古香。当这幅图像被读取的时候——也就是说，它置身于可被读取的当下状态之时——它最高程度地承载着所有时代它被一一读取的关键时刻的历史讯息。（Benjamin 1999b：463）

如我们所知，本雅明深深了解巴黎拱廊街内在的模棱两可。"模棱两可"的德文词是 Zweideutig，字面的意思是"朝向两个不同的方向"。虽然乌托邦已经写进本雅明时代的生活脉络之中，在绝大多数情况下，它却掩盖在清晰的历史自觉意识之下。当本雅明将这种不确定性描述为"图像中不确定性的显影，静止的辩证法则"（Benjamin 2002: 40），他实则是在谈论悬置了现代物质文化的张力，即大溃败和救赎之间的矛盾、失落与期望之间的矛盾。在另外一处文字片段中，本雅明将辩证的图像说成是"一瞬间汇聚在一起的，与当下一道，成为一个星群"（Benjamin 1999b: 462）。又一次，将资本主义物质文化纳入辩证图像的晶体，打开了拱廊的两个互为表里的侧面：一面是商品消费领地中那疏离的、变化莫测的幻景；另一面则是大众的游乐与解放的空间。

　　之前的章节中，我们已经了解本雅明如何将诸如电影和摄影等现代媒体手段看作现代社会状况中重要的调节工具。在"辩证的图像"和"静止的辩证法则"之间存在某种联系，直接指向一种正在发生作用的"快照"机制。正如电影被看作鼓舞人群的革命潜能的工具，本雅明认为通过摄影复现绘画、雕塑和建筑作品的过程使欣赏和认知行为发生了从个人向集体的转向：

　　　　这些不再能被看作个人的作品；它们业已成为集体创作，体量如此巨大，唯有将其缩小才能看明白。总而言之，机械复制技术的核心问题就是缩小尺度，让人们能够掌握艺术作品——若无它的帮助，这些艺术作品终将归于无用。（Benjamin 1999a: 523）

　　将机器生产过程应用于高雅艺术将提供一个关键的平台，使技术真正走向大众成为可能。但将技术应用于艺术，只为救赎提供了一种可能的手段。除此外还需从晶体中离析出类似于本雅明的"观念形象"的东西：**乌托邦救赎只能通过彼此互补的艺术－技术建设，发生在特定的物质空间中。**因此，很显然，所谓"辩证的图像"有两个主要方面：其一是历史性的客体，或者是空间，或者是某种条件，让它有所依托；其二是一种建设或阐释性的行为，对普遍意识形态影响之下的客体认知进行反驳。

尽管拱廊街的乌托邦潜能仅体现在蛛丝马迹中，受诅咒的资本主义生产条件下，这些残存的乌托邦痕迹亦只能通过努力进行广泛深入的相互制衡的阐释行为，使其为人所见。乌托邦绝无可能自强制性的设计方案中一步到位地生出，人们只能从废墟中耐心将其翻检出来。

建筑和乌托邦

任何形态的乌托邦主义都暗示着对历史的特定理解。在勒·柯布西耶的早期现代主义宣言中存在着一种矛盾，一方面预言技术进步是不可逆转的，另一方面又发出刺耳的警告，说必须施加外力方能使这一过程得以发生。从后一种姿态中，我们才能看到柯布西耶的建筑话语中貌似革命暴力的一个方面。深藏在纯粹主义观念深处的、存在于建筑建造过程和交流语言结构中的类似性，绝非偶然巧合。塔夫里不是说过，即使达达主义和超现实主义者，在努力打破理性意义系统的时候，也不得不求之于以不同寻常的极端态度来组织语言的技术。因此我们可以得出结论，本雅明的现代主义辩证的正反两面都指向乌托邦式的交流方式重构。正如塔夫里所说：

> 对偶然性的系统运用和拼装技术的发展，合在一起
> 形成了一种全新非口头表达的语言的基础条件，建基于

莫须有之事或俄国形式主义者所谓的"语意扭曲"之上。结果，与达达主义不谋而合，信息理论成了视觉交流的工具。（Tafuri 1976：96）

按照塔夫里的看法，若说像达达主义、超现实主义这一类的前卫艺术运动向现实提出问题并提供了可能的解答，那么正是现代主义建筑能够接下来使这些想法演变为物质现实。塔夫里跟本雅明一样都在马克思主义的框架下思考问题，因此认为资本主义生产发展伴随着对社会结构的持续破坏。他议论道，从20世纪20年代早期到中期，生产力和社会组织之间的矛盾通过大都会得到最大程度的释放，这是众所周知的。因此，任何社会改革的意图，都必须聚焦于城市环境的物质重组。自居为前卫艺术中诗意乌托邦的真正继承人，现代建筑师当然不甘沉迷于空想，而是要将乌托邦真实地建造出来。可是，在这件事上，现代主义的拥趸其实并非变革的真正代表，他们只不过是历史哑剧中身不由己的提线木偶：

> 建立在20世纪20年代建筑和城市理论基础上的规划方案，全部都指向自身之外的某种东西：那是一种智慧，与生产和消费的全面重构密切相关，换言之，面向一种全新的资本方案。在这个意义上，建筑学——从自身的需求出发——成为现实主义和乌托邦之间的协调人。乌托邦顽强地持续着，掩盖了一个事实，即实现资本方案的理想的前提，是理解"真正的规划必先超越自身"；以及一旦资本方案进入了生产重组的总体过程，建筑学和城市规划就不再是它的主体，而成为它的对象。（Tafuri 1998：20-1）

在关于现代建筑历史的宏观考察中，塔夫里和达尔科认为，持社会主义立场的市政当局推行的房屋计划是现代主义乌托邦与动态市场经济的现实碰撞得最为激烈的地方。这些房屋计划也同样被认为是本雅明房屋观念的当代实例。1925 到 1930 年间由恩斯特·迈（Ernest May）为法兰克福市政府设计并建造的工人阶级居住社区被看作一个重要的案例。塔夫里和达尔科强调，在市场萎缩的情况下，这个项目所处的条件对成功来说何以最为有利，并指出 19 世纪末 40% 的土地资源为市政当局所有。在此项目中，迈使先锋建筑领域的探索同物质现实相适应，集中考虑了标准化建筑材料和房屋尺度问题。从建筑史的角度来看，迈的工作部分地缓解了艺术乌托邦和经济现实之间的矛盾，成为一个两者兼顾的实际案例：

104

> 在这个案例中，建筑学似乎弥补了先锋艺术乌托邦（及其对新世界的召唤）与民主政治的现实可能性之间的裂痕。法兰克福因而成为欧洲现代建筑运动的真正试炼场，不仅早于德绍包豪斯，且比它做得更好。但由于建筑学已经摆脱了传统加诸其上的智力劳动的枷锁，我们就能在超越了方法论的层面对其进行评估。迈的工作的重要意义，在于使德国社会民主在城市改革方面沉重的政治和管理方案变得明快起来。（Tafuri and DalCo 1979：181）

在这个例子中，限制乌托邦变为现实的主要掣肘在于激增的材料价格，从战前到 20 世纪 20 年代末，足足增加了140%~190% 之多。这样一来，尽管迈的方案得到来自市政当局的全力支持，他们提供大量拥有产权的优质土地用来建设，"结果却被金融和垄断资本主义的自发性发展抵消了"（183）。

假如说现代建筑乌托邦在城市中心周边区域的实践难以为继的话，位于大城市中心区的城市设计"解决方案"只会更不可靠。布鲁诺·陶特（Bruno Taut）放弃了战前的精神表现主义之后，与柏林城市发展顾问马丁·瓦格纳（Martin Wagner）合作，在 1925-1931 年间为柏林设计了一系列郊区地块开发方案。同一时期，路德维希·希尔贝塞默（Ludwig Hilbersheimer）出版了《大都会建筑学》（Gross stadt architektur）一书。书中反对工人阶级住宅区的支持者，认为大都会自身不能提供其他类型的社区空间，只能无情地将全部可建设土地依照雷同的原则开发殆尽。可是，就是在 20 世纪 30 年代初期，怀有政治目的的开发者正携其针对全球资本主义的全局性"解决方案"大行于天下，将建筑设计领域的榜样抛在脑后。

在讨论本雅明的理论对这场历史争论的贡献之时，首先回顾欧洲城市开发历程中的这段往事，对我们而言不无裨益。尽管第一次世界大战之后的现代主义建筑话语革除了 20 世纪头十年与先锋艺术共享的号召精神进步的内容，乌托邦的冲动却反而泛滥成灾。现在我们必须清楚，虽然本雅明对纯粹主义建筑中的革命姿态表达了赞同，但矛盾的是，他真正支持的却是那种大体上是向后看的乌托邦思想。这表明，他对拱廊街的关注被一种从乌托邦社会主义中寻找真正的政治价值的愿望驱动着。回想青年艺术风格时期的欧洲建筑师因压抑了物质技术的进步潜力并企图在居所中表达个人特质而遭到批评（参见 Benjamin 2002: 38），战后的现代主义者则因其努力打破受压抑的室内而得到赞扬。

可到头来，本雅明将建筑范式的这次转变明确地看成结果而非原因。正如巴黎一文的尾声所说："生产力的发展使上一个时代的欲望符号化为乌有，甚至先于他们自身的纪念碑轰然倒塌。"（43）本雅明的乌托邦思想就这样以一种"历史认知领域的哥白尼革命"的语气斩钉截铁地阐述出来，其中包含着以未完成的过去看待现在的复杂目光。这绝非拥抱技术进步主义，以过去、现在、将来的线性发展观来预测未来那么简单。而它同样与某些现代主义建筑师主张的一切抹平、从零开始的文字游戏大异其趣。

106　　废墟必须被保留下来，不是为了了解它们本来的样子，而是为了理解我们的前辈是如何同压迫与统治相抗争，从而偿还我们对他们的亏欠。借用弗雷德里克·詹姆森（Fredric Jameson）最近一本著作的标题（2005），本雅明的乌托邦是关于未来的考古学，而不是为它绘制蓝图。这让我们想起本雅明主张从对童年时代经历的回忆中建构自己的当下认知。与之相应，政治上进步的乌托邦主义也绝不能停止从往日经验中汲取力量。

之前已经多次提到，本雅明对现代艺术和建筑的政治潜力的理解，更多是关于集体和肉身，而非个体和精神的感知。从这个总体观点出发，可以说现代建筑中任何对于乌托邦潜能的认识都与其在实现所谓的人类生理过程中的角色同等重要。当然，纯粹主义满足了建筑学中的同样功能。在《拱廊计划》中某个关于吉迪翁观点（19 世纪建筑扮演了集体潜意识角色）的片段中，本雅明推断说："如果说成'身体过程的角色'不是更妙吗？——就像围绕生理过程的梦境一样，'艺术的'建筑学聚集在它身边。"（Benjamin 1999b：391）同样，他的意思并不是叫我们继续沉浸在梦中，而是拼命摇晃自己，进入彻底清醒的状态。

正如我们在现代电影技术中所看到的，进步的政治潜力与建筑媒介的内容和信息无关，而与其生理方面的影响有关。只要稍微了解当代建筑和设计杂志就能发现，建筑就像电影一样，唤起某种"过度真实"感，与之相比，日常世界中的身边环境显得苍白无生气。可是，沿着本雅明的思路想下去，他显然并未将建筑学限制在这种意识形态功能之中。**如果只**

106　　乌托邦主义和现实功用

从建筑中读到对发达资本主义的物质化的悔意，将会对**本雅明的历史理论**犯下重罪：此乃从不可抗拒的衰退和朽坏中努力抓住历史发展的机遇。

对于本雅明来说，我们偶然置身其中、又在那里长大成人的环境，其物质形态的唯一功能就是作为集体想象和梦幻的容器。正如加斯东·巴舍拉尔（Gaston Bachelard）的研究所表明的，个人和集体的想象必须定位于并植根在与他们紧密相连的物质环境中（Bachelard 1994）。同样地，出于美好生活的目的而进行设计，常会带来富于想象力的城市空间。本雅明的乌托邦思想引发的一个关键疑问是，到底是否有必要去尝试建立真实的、带着情感和记忆的建筑。从我们的讨论中已经可以清楚地看到，任何这样的努力都会建立一个沟通渠道，让眼下的这一代人同过去时代的期许之间进行真正的交流。

带着这样的理解可知，按照他那句著名的论断，**本雅明观念中的乌托邦建筑都是文明路上所有野蛮行为的纪录。这样的建筑必将开启行之有效的途径，使当下这一代人积极参与到被压抑的前代人的乌托邦愿景之中。**

这样的建筑是否是可行的？答案依旧保持开放。在接下来的章节中，关于"参与"的话题提供了一条线索，让我们可以经由本雅明的政治化的美学思想了解晚近的建筑学和城市发展的现实状况。

107

108

参与与政治

公众参与的政治

前面四章，我们探讨了一系列与建筑学和城市设计相关且彼此关联的主题，包括：大都会问题、激进主义、现代主义和乌托邦。通过这些，我们已经初步了解了本雅明思想的大致轮廓。行文至此，我们已经清楚知晓本雅明的艺术和建筑思想在多大程度上受到社会和政治问题的制约。比如说，本雅明对现代主义的接受，其核心问题即是他对现代技术带来的社会冲击的正面看法，这种冲击被他看成社会革命性变迁的契机。仍然拿乌托邦的例子来说：乌托邦冲动不仅未被视为许多无根的空想之源而遭到抛弃，反而被看成任何政治观念都不可或缺的要素，能为人们带来希望，为发达资本主义自身所携带的社会病提供解救之道。

从本章的讨论中我们可以了解到，本雅明为建筑和城市留下的遗产集中于大众社会行为方面。这也是他特别关注的问题之一。正如《作为生产者的作者》一文所表明的，本雅明的意图是寻求一条道路，使知识与艺术方面的产品服务于广泛的工人运动。20 世纪上半叶笼罩在欧洲知识阶层头上的危机，对本雅明同时代人来说是普遍共识。自从 20 年代中期之后，本雅明一直生存于学院系统之外，这让他获得更多机会，比绝大多数象牙塔内的学者都更迫切地希望自己的理论能在更广泛的社会范围获得回响。

这种对理论的社会效用的关注，自然将本书导入最后一章的主题——公众参与。这一主题特别适合为本雅明与建筑学关系的话题做一圆满的收尾。与理论家不同，从业建筑师直接面对公众，因而必须承受随之而来的期许和批评，这是他们日常工作的一部分。

尽管 20 世纪 20 年代的城市设计者经常采用一种专横且权威主义的态度对待可能被项目影响的社区群众，20 世纪六七十年代兴起的草根城市运动迫使建筑师和规划师倾听他们的所思所想。如今，推行广泛的公众咨询，并将社区需求反馈给城市设计专家，这一过程已经成为常态。但是，这一类咨询工作累积到什么程度才能被称为"公众参与"，在当代建筑学中依然未有定论。本章将针对本雅明的思想可能会对公众参与问题发生的影响提供一些线索。

在最近的一篇论文中，蒂姆·理查森（Tim Richardson）和斯蒂芬·康奈利（Stephen Connelly）指出何以当代建筑和城市研究都特别关注公众参与问题：

> 无论是地区还是城市、社区还是村镇，不管在哪种尺度条件下，规划师在对城市和乡村进行规划之时，都被要求积极介入社区和业主的共同体。公众参与正在成为规划和发展策略制定的核心问题，同时也是个体规划决策过程中不可分割的一个组成部分。（Richardson and Connelly 2005：77）

理查森和康奈利向我们展示了对公众参与的压倒性关注在 20 世纪 90 年代是如何被安东尼·吉登斯（Anthony Giddens）通过理论语言进行清晰描述的。吉登斯在一篇关于英国政治中《第三条道路》的文中谈到了这一点，后来吉登斯和阿米塔伊·埃齐奥尼（Amitai Etzioni）在对美国"社群主义"（communitarianism）的研究中又有详细的探讨

（Giddens 1998；Etzioni 1996）。表面上看，公众参与的发展似乎起步很晚，近来才成为建筑和规划中的重要一环。很显然，现代城市更新的滥觞之作，19 世纪 50 至 60 年代奥斯曼激进的巴黎发展规划，从未要求受其影响的社会区域的公民和团体介入咨询并发表反对意见，更谈不上公众参与。但若近距离观察，即便在这个决定性的历史时刻，说完全没有公众介入也是明显的误导。

111　　　尽管奥斯曼不喜欢某种类型的社区，他却希望以另外一种取而代之。这种新型的社区，应当建立在帝国的辉煌之上，闪耀着权威、慈爱、力量和进步的光芒。奥斯曼希望这样的社区能让巴黎的"游民"团结在一起……简而言之，奥斯曼极力推行一个全新且更加现代的社区理念，它尊重金钱的力量，把它变成一座一座的奇观纪念物，在宽阔的林荫道两旁、在德方斯、在咖啡馆、在自行车赛的人群中展现自己，最终，在国际博览会那些五花八门的奇观中"向商品拜物教顶礼膜拜"。（Harvey 2003：235）

理查森和康奈利进一步解释道，当代参与式城市规划的理论和实践，建立在双方协商共识的基础上。对话的双方，一方是规划权威，另一方是社会中受方案实施影响的民众、组织和利益攸关者。那么，在具体案例中，如何最优化地达成共识，就成了非常困难的问题。有一件事是毋庸置疑的：在建筑设计和实施过程中，无论何时，一旦事情发展到真正的大众、草根参与环节，实践中就万难推行。既然如此，本雅明的思想是否为解决这个问题提供了参考呢？

本雅明有一次在《作为生产者的作者》中谈到这个问题。这篇文章本是 1934 年 4 月他在巴黎一次反法西斯社团组织的聚会上提交的论文，文中他向作者提出了这样的期望：

作者应当思考或反省他在生产过程中的位置。我们完全可以信赖它：这种反思迟早会引领那些重要的作者（是指各个领域中技巧最娴熟的大师级人物）发现与无产阶级团结一致的重要事实。（Benjamin 1999a：779）

这里本雅明主观地认为，作者，或更广泛意义上的艺术家和知识分子，凭借着他们是专业的生产者，因而全都属于资产阶级。他们无法直接与无产阶级团结在一起或参与到他们的事业中，所以"只能做个沉思默想者"（780）。作者被看作生产智力产品的专业生产者，若要真正与物质生产者结为一体，就必须"在行为上改变自己，从一个生产工具的制造者，转变为一个工程师，其责任就是调教这台生产工具，使其为无产阶级革命服务"（出处同上）。在说这话的时候，本雅明脑海里可能浮现出他的好友、剧作家贝尔托·布莱希特的关键概念，即所谓艺术作品的"功能变形"（umfunktionierung）。这里值得一提的是，本雅明将具有献身精神的艺术家看作高级技术人员即"工程师"，他拥有专业领域的生产知识。在这个特定的方面，他心目中的作者形象与柯布西耶对进步建筑师的描述不谋而合，而不同于先前艺术与工艺运动时期建筑师被赋予的艺术家形象。

在完成《作为生产者的作者》之前几个月，本雅明曾写过一篇名为《法国作家的现状》的文章，揭示出他关于作家反面意象的直接来源是超现实主义。考察这一运动的来龙去脉，从 20 世纪 20 年代之初的无政府主义开始，到 20 世纪 20 年代末与极左翼政治结盟而告终，本雅明认为这样的发展轨迹表明"超现实主义者为自己大胆打开了图像空间，却被证明与政治实践的空间别无二致"（Benjamin 1999a：760）。在这篇较早的文章中，本雅明建立了一个关键的三向链接（知

112

识分子-科学技术-劳动人民），目的是为了解释现代艺术生产的政治潜力："（超现实主义者）通过赋予无产阶级权利去使用知识分子的技术，使后者的技术专家身份得以确立。因为只有当无产阶级处在它的最高级阶段时才会信赖技术。"（763）

为了理解这句话及艺术生产和进步政治实践之间更广泛的关联，我们必须借助于本雅明对照相术和电影的分析。基本的观念如下：艺术复制与再现的机械化过程，是跟随着工业车间的机械化过程出现的。在车间里，工人的集体属性被极大地改变了，但由于其社会地位低下，对这种转变的自觉认识被大大压抑了。与此同时，中产阶级中对艺术和知识生产负有责任的人，却从一开始就全面抵制相关领域的机械复制：他们认为绘画正在遭受照片的威胁，舞台演出的真实性毁在电影摄像机手里。

而在中产阶级艺术消费者身上，同样存在着某种形式的抵制情绪，以怀旧的形式表现出来，固守着前机器时代的完整一体图像，害怕它被无所不在的机器工业所侵蚀，就像传统的高雅艺术一直警告的：工业技术会像一把尖刀切入太古以来纯然的躯体。如本雅明所说："那人面孔上一闪即逝的表情中，早期照片中的韵味引人神往，但再无来者。"（2002：108）如何处置这一前工业时代的身体图像，是摆在现代艺术面前的重大问题："使现实与大众结盟，使大众与现实结盟，对思想和感受来说善莫大焉。"（105）

艺术再现走向全面机械化的下一个阶段就是通过电影来实现的，这一点我们已经清楚。本雅明对绘画和电影的比较帮助他形成那个著名的观点，即前者促使个体沉思，而后者引发集体"分心"。无论在哪种情况下，接受的过程都伴随着某种行为。而本雅明的意思是，从非机械复制到机械复制的过程中，行动的方向反转了："一个人在艺术作品面前集中精神，会被它吸引住……相反的情况是，一群分心的观赏者将艺术作品吸入到他们中间。"（119）在这里,本雅明所谓的"吸入",意思是"使用"。本雅明继续道: 这一集体吸引的过程，"在欣赏建筑的过程中最为突出"。按照本雅明的说法，大众在欣赏建筑的过程中有一类"触觉"感知最重要。他解释道:"触觉感知更多来自于习惯而非注意力。即使在对建筑的视觉感知方面，习惯也扮演了重要的角色，它以一种不由自主的随意状态留心着事物，而不是通过凝神注视。"（120）需要说明的是，本雅明所说的建筑被感知的方式，并非特指现代工业化条件下的受众，而是"自古皆然":"（建筑的）历史比任何其他类型艺术的历史都久远，它的艺术效果必须从大众与艺术作品的关系中得到考察。"（出处同上）但在关于艺术作品的论文中，本雅明并未指出现代建筑中使大众习惯化的过程变得明晰的具体途径。回想前几章中关于19 世纪巴黎拱廊街的讨论，**我们有理由推测，本雅明将建筑社会化的过程看成是本质上无意识的过程。为此，在建成环境中养成的习惯，需要更高层级的艺术再现方式加以调和，使之成为自觉。**再清楚不过，对本雅明来说，电影正是这个角色的扮演者。在电影中，工业生产环境中慢慢形成的条件如镜像般返回到工人的眼里，从而在他们内心中演变为对无产阶级真实状况的批判反思的自觉意识:

> 对绝大多数城市居民来说，无论是在办公室里还是在工厂车间，工作日从早到晚都要面对一台机器，只好把自己的人性暂时搁置起来。到了晚上，同样一群人挤爆了电影院，欣赏演员们代表他们自己展开复仇行动，不仅通过向机器痛快宣示自己的人性（至少他们感觉如此），同时也将机器置于自己的掌控之下，为人服务。（111）

通过电影的介入，无产阶级不仅能够获得关于自己社会状况的真实了解，也会将其置入新的行动条件中去。本雅明对这样的条件充满期待："通过电影的作用，人类第一次处于一个全新的位置，在那里，他必须以他完整的存在全负荷运转，即使已经褪去了韵味。"（112）

在这里，"韵味"的概念必须从它的心理效果来加以理解：一幅带有"韵味"的图像要求观看者或接收者全神贯注、进入忘我境界，类似被"吸入"的状态。从被选择的人类躯体上祛除它的韵味，魔法就失效了。摄影机镜头是一个工具，通过它，摄影师可以对被选择的对象进行持续的观察和评估。本雅明猜想，电影演员心里似乎明白这些，出于抵抗的目的，她尽一切可能与自己扮演的角色融为一体。正如福柯（Foucault）对边沁（Bentham）的全景监狱监控模式的著名论断，在电影拍摄时实际并不在场并凝视着影片画面的观众，不仅没有让演员变得自由，相反"强化了他们对演员的控制"（113）。显然是受布莱希特的舞台表演方法论的影响，本雅明认为电影是"对人类自我异化的富有成效的应用"（出处同上）。但是，本雅明并未无视更加广阔的社会政治条件，对电影的进步政治潜力进行过分天真的期许：

> 当然，千万不要忘记，从这样的控制中无法产生政治上的优越性，除非电影从资本主义剥削的枷锁中将自己解放出来。可是电影投资方会利用这些革命的契机，来为反革命的目的服务。（出处同上）

塔夫里对具有艺术特征的现代主义建筑的批判性分析，可以协助我们将这一发现应用于对 20 世纪建筑学的观察中。

现代主义建筑和公众参与

在评价勒·柯布西耶的城市规划理论和 20 世纪 30 年代

的阿尔及尔城市改造方案的时候，塔夫里说："建筑就这样被赋予了教化功能，成为社会团结的手段。"（Tafuri 1976：132）他引用了柯布西耶1933年出版的著作《光辉城市》（The Radiant City）中的话，其中柯布西耶设想自己的建筑作品可能产生良好的社会预期：

> 它让人们自私自利的本性发生偏移，转向对集体行动的热爱，这带来了令人愉快的结果：在人类事业的各个层面，都能实现集体参与……如果你把这个计划带给我们，并让我们清楚那是怎么回事，原先的"有产者"和"无产者"之间的对立就消失了。整个社会团结如一人，靠信念和行动结合在一起……我们生活的这个时代，是在最严格的理性统治之下。这来自于人类的自觉。（Tafuri 1976：131；参见 Le Corbusier 1967：177）

116

20世纪20年代柯布西耶设计了一系列私人别墅，同时也设计了一些集合住宅和巨细靡遗的城市规划方案，两者构成了良好的互补。在后一个方面，完成于1922年的"当代城市"方案极具代表性。这个方案为300万人口的城市设计，中央是24座60层高的办公塔楼，周边围绕着大量10—12层的居住街坊。肯尼思·弗兰姆普敦（Kenneth Frampton）总结了这一方案背后的意识形态，对我们而言不可谓全无用处："勒·柯布西耶将这座300万人口的当代都会想象为精密管理、妥善控制的精英资本家的城市，而为工人建造的花园城市和工厂一道位于城市周围绿化隔离带之外，远离受保护的'安全地带'。"（Frampton 1992：155）弗兰姆普敦还暗示，当代城市中央那些行政街区行使着非常重要的功能，是传统城市宗教建筑的世俗替代物，也是社会权力在建筑上的形象表达。他还谈到柯布西耶城市设计的保守主义本质引起当时左翼政治群体不怀好意的注视，这种意识形态的不信任在整个 1920 年代逐渐累积，到 1929 年日内瓦世界城方案达到顶峰。

就在这一年，柯布西耶前往南美洲旅行，在里约热内卢目睹自然连绵的大地，生出了"高架桥城市"（Viaduct City）的念头。这个观念在 1930—1933 年建筑师逗留于阿尔及尔期间一直让他迷恋不已，他的奥布斯项目就是一个巨大的、充满孔洞的宏伟建筑物，沿着海岸的自然曲线蜿蜒长达数英里，中间是一条道路，其下有 6 层建筑，其上有 12 层之多。每层楼板间高度是 5 米，居住者可自行决定建造方式。按照塔夫里的说法，这一时期柯布西耶构思了现代城市观念中最震撼的理论假设，"高架桥城市"的想法就是其中之一。塔夫里接着说，柯布西耶这一设计构思"无论思想意识还是建筑形式都臻于完美，至今仍未被超越"（Tafuri 1976:127）。具体而言，塔夫里特别强调柯布西耶在建筑造型上的杰出贡献，创造了一个统一社会的最完美的乌托邦图景。这个方案呈现出地理规则与精神自发性的紧密结合：一方面，它那超尺度的身形有着极其挺括的表面线条和曲线结构共同营造的充满雕塑性的壮丽感；另一方面，几何与工程技术被精准地运用在欢迎居民个体参与、充分表达个性需求的家居生活理想上。从这个意义上讲，奥布斯项目让现代技术社会中两个彼此冲突的要素达成和解，也就是塔夫里所谓的"思想意识"和"建筑形式"：

> 在这样的尺度上，技术结构和交流系统必须组合成一个整体图像……通过这个图像的结构，也唯有通过这一手段，才能将必要性的需求与自由的需求合二为一。前者通过严格控制下的方案计算加以表达；而后者，则有赖于以设计为契机唤醒更高层次的个人觉悟。（128-9）

其实，不管塔夫里还是弗兰姆普敦都注意到，柯布西耶在阿尔及尔项目中表现出来的社会极权主义态度较之20世纪20年代大为减弱了。弗兰姆普敦指出，柯布西耶这一时期发展出来的这种"公共性的混合基础设施概念，为居民参与提供了充足的空间，必将在第二次世界大战后的无政府主义建筑先锋思潮中引起广泛的共鸣"（Frampton 1992：181）。但塔夫里认为建筑项目的公众参与模式具有更加深刻的精神价值：

> 无论从哪个层次解读或应用，勒·柯布西耶的阿尔及尔方案都提出了公众全面参与的要求。可是有必要指出，柯布西耶所提倡的公众参与是一种批评性的、反思性的、智性的参与模式。这独特的城市形象，在漫不经心的观察者眼里掠过，却在他脑海里留下了神秘的印象。很难说这不是柯布西耶有意为之，让这不经意间的效果成为必要的间接刺激。（Tafuri 1976：131）

对塔夫里来说，阿尔及尔方案的优点，还表现在它通过建筑形式语言精准地道出了现代资本主义社会的危机所在。可是，尽管他赞扬柯布西耶能向大众道出这种社会形态必然走向极权主义官僚统治的事实，但其建筑学意义上的"解决方案"本质上依然是意识形态的，或者用塔夫里的话来说，是形式主义的。在这里，塔夫里特别强调了柯布西耶设计阿尔及尔方案的具体日期，认为这极其重要，因为它的出现恰好是在1929年世界性的经济危机被人们普遍意识到的时刻。伴随着这场危机，凯恩斯主义开始大行其道，通过严控经济周期来避免潜在的不稳定性出现，从而保证经济持续增长。这样，通过建筑和城市设计方面的创新，资本主义世界经济的内在问题将得到缓解或清除，从而避免通过彻底改变与生产力相应的社会关系的革命行动来解决问题。同时，塔夫里提到柯布西耶来说明，资本主义

118

条件下必然愈演愈烈的社会紧张状况下，形式主义的解决方式不仅难以挑战这种发展逻辑，反而会协助它维持下去。换句话说，分析过程没什么问题，却下错了结论：

> 柯布西耶将现代城市中的阶级现状考虑在内，将阶级对抗转化为一个更高级的问题，提出了以公众整合为宗旨的崇高目标，纳入到城市发展机制中，使公众成为运行者和积极的消费者，如今被有机地称作"人类"。(135)

通过这种方法，柯布西耶的建筑方案使资本主义的社会－经济危机升华了（或者说，意识形态化了），而他的手段仅仅是提供了一个集体行动或公众参与的形式化的图景。可与此同时，塔夫里认为 20 世纪 20 至 30 年代所有的进步建筑美学都只是在这个层面讨论问题，他们提问道：如果发达资本主义经济下的技术潜能在统一的理性控制之下得到极大发挥，城市将会如何？于是那些方案都是用来回答这个问题的。

119 　　在关于艺术品的文章中，很显然，本雅明将建筑看作通过艺术介入来实现社会大众参与的独一无二的途径。吉迪翁认为现代主义建筑唯有以电影为媒介才能真正被大众接受。与这个观点相应，本雅明认为艺术介入能带来真正的大众觉醒，与 100 年前开始的发生在建筑领域的革命性变化相匹配。必须指出，本雅明并不是未经思考就武断地接受了这一"通过电影来调节建筑接受方式"的观点。事实上，他是将这一理论置于工业资本主义条件下对视觉文化发展的综合理解中去加以审视的。这一发展并非肇始于艺术方面，却与商品消费和广告传媒密不可分。根据本雅明的解释，19 世纪早期在现代城市生活中大规模出现的诸如全景画之类的东西，其实是在民众中培养了一种接受习惯，为将来照相术和电影的出现铺平了道路。拿巴黎来说，这个 19 世纪工业技术最发达的国家，在社会发展方面实际上经历了一次前所未有的大众视觉文化爆炸。

其实，无论拱廊街那种非官方的建筑学还是奥斯曼那种综合性的城市规划，都极端地改变了城市居民的集体感知习惯，只是二者采用了全然不同的方式。按照本雅明在 20 世纪 20 至 30 年代的观点，这种杂交的城市肌理——既有拱廊街那迷宫般的建筑形式，又有奥斯曼那严整几何形式的放射状林荫大道——都是通过艺术介入唤起公众参与的途径。从其社会 – 政治起源来说，这两种城市空间模式共同组成了资产阶级经济控制之下受诅咒的空间形态。这样一来，本雅明的核心问题就变成寻找合适的物质途径去跟这种环境影响下的社会病相抗衡，由此带来充满批判精神的社会意识，或者说，将大众从迷梦中"唤醒"。

本雅明的这一理解与卢卡奇（Lukács）在《历史和阶级意识》（History and Class Consciousness）一书中的观点不谋而合。正如卢卡奇在《物化和无产阶级意识》（Reification and the Consciousness of the Proletariat）一文中阐明的：

> 我们永远都不要忘记：只有无产者真正意义上的阶级觉悟能够改变一切。任何思考或纯粹的认知活动，最终都只能导向与对象间的断裂……这是因为，无论何种纯粹的认知活动都含有一种"直接性"的蒙蔽。也就是说，在想象中，物质环境是一种"轻而易举就可以实现的东西"，却不必与对象发生任何真正的关联。因而，只有当其批判地意识到在任何非现实关系中它与对象间的"直接性"关联之时，只有当其努力为其介入赋予批判性的解释之时，当其与整体保持互动关系之时，以及当无产阶级作为一个阶级来行动之时，其辩证的本质才得以存活。（Lukács 1971：205）

从历史上看，人造环境很少通过真正的公众参与方式建成，或许根本就没有这样的案例。既然如此，也难怪绝大多数人先入为主地认为人造环境是"轻而易举就可以实现的东西"。本雅明对电影的政治解放潜力的看法与他对历史处境的关注紧密相连。在欧洲法西斯主义语境下呼吁由无产阶级"占有电影资本"的往事，从今天看来像是一种绝望的挣扎。可与此同时，本雅明认识到电影工业"已经驱动了一台巨大的公共机器，以大量电影明星的事业与爱情为之服务"（Benjamin 2002: 114）。谈到同时期的德国建筑，卡特勒恩·詹姆斯 - 查克拉伯蒂（Kathleen James-Chakraborty）指出其中存在一个类似的、保守与进步共存的二元悖论：

> 两次世界大战之间的德国建筑界使用光线来激发大众情绪的做法，肇始于当时表现主义思潮之下的实验风气，它本身外在于本应为之服务的政治民族主义，甚至走向它的反面。对门德尔松（Erich Mendelsohn）而言，光线的运用服务于一种新近流行的资本主义下的平等图景，有利于呵护德国脆弱的民主政治。从艺术的角度来看，抽象性作为大众交流的手段无疑是进步的，但却不能说它只为左翼服务，或许它为右翼服务得更加有效。（James-Chakraborty 2000: 89）

当我们认真评估本雅明对社会参与的真实期望时，我们既不能高估，也不能低估。一方面，他对待艺术并不怀有那种不假思索的武断天真，认为它能终结社会异化和压迫。他曾经回忆道，当他还是个年轻学生时，曾被当时一个流行观念所吸引，试图通过艺术来实现德国精神的复兴。就像绝大多数同时代人一样，他很快抛弃了这种主张，这很大程度上要归因于第一次世界大战带来的恐怖感。另一方面，**有人认**

为他只是提供了一系列片段化的纯粹美学理论思考，这只能看作对本雅明思想的非常表面化的认识。如他对超现实主义的一往情深那样，他在内心深处非常虔诚地希望将艺术和理论成果服务于当代政治现实，从而对抗资本主义的社会形态。在艺术介入实现救赎的任务中引入关于建筑设计的思考，带来了引人关注的效果。本章的最后一部分将讨论一些后续进展，可视为对本雅明建筑思考的延续。

情境主义国际和游戏都市

怀着对现代物质技术的历史特异性的敏感及对人类和社会恒定本质的确信，勒·柯布西耶设定了自己的建造方向。这是一个真正矛盾的方向，甚至跟本雅明的选择一样矛盾，盖因人类社会时刻随着物质环境的变化而变化。前文曾提到，本雅明将建筑看作一个强大的集体社会调节手段，这是因为它基本上以一种潜移默化的方式影响着社会行为。现代主义建筑谋求人造环境和社会组织之间的关系更加清晰，同时也在建筑活动和个体行为之间建立严格的相互关系。这样一来，技术／社会的关系形态将会使建筑机构越来越趋于严格控制。本雅明却说，发达工业技术的进一步发展将会给我们提供新视角来理解这一关系，或者说提出一个新概念，即"游戏"。

这个观念是一个名为"情境主义国际"（Situationist International，或 SI）的艺术 – 政治团体的核心价值。情境主义国际成立于 1957 年，在 15 年的存续期间倡导一种批评性的理论体系，在其创立早期主张一种建立在政治改革基础上的日常生活实践，延续了 20 世纪初先锋艺术运动的精神价值（参见 McDonough 2002；Knabb 2007）。这一组织的核心成员大多身在巴黎，其他成员则散在于欧洲各处。1950 年代后期，在受到广泛质疑和批评之前十年，情境主义国际展开了对现代主义建筑和城市设计的强力批评。例如，在1958年的"都市批评"行动中，这个组织正式宣布：

> 从那以后，都市危机更加具体地表现为社会和政治危机，然而时至今日，任何产生于传统政治格局的力量都不再有能力应对这一危机……这个官僚主义的消费社会，开始这儿一点、那儿一块，塑造属于自己的物质环境。这个社会通过清晰组织化的日常生活语言，以那些新城为契机，不停建造着能够精准自我表达的物质形态，创造着最能合理反映自身功能的条件，同时将之转译为空间语言。它努力表达的正是它的基本原则：异化和约束。
> （McDonough 2002：106）

1967年，居伊·德博尔（Guy Debord）出版了《景观社会》（The Society of the Spectacle）一书，一般认为，此书对1968年的"五月风暴"造成了重要影响。在这本书里，德博尔将过去十年情境主义国际杂志上发表的消费文化分析的各个侧面进行了汇总。当年情境主义国际关注"情境建设"，德博尔认为这并无问题，但他认为目标并非简单地对城市异化提出谴责，而是要为真正的城市公众参与指明方向：

> 无产阶级革命是对人类地理进行批判，在此过程中，个人和社会必须产生场所和事件，其不仅与其劳动相匹配，也要与其全部历史相匹配。借助由此产生的充满游戏精神的机动空间以及游戏规则的多样性，我们可以重新理解场所独立性的含义，而不必非要跟土地联系在一起。我们也将从此重新体味"旅行"的含义，伴随着重新将人生视为一次旅行，将全部意义包含在自身之中。（Debord 1995：126）

这一反城市主义的实践，包含着一个充满创造性的"机动游戏空间"概念，之前的名字叫作"都市漂流"（urban drifting 或 dérive），其实它起源于情境主义之前的所谓"字母派"运动（Lettrist Group），创立于 1953 年前后。作为字母派的一项经典活动，"都市漂流"延续了早先超现实主义者的习惯，在巴黎城里那些不那么著名或时尚的大街小巷漫无目的地游走，寻找奇奇怪怪的地点，期待偶遇。在一篇最早发表于 1956 年、后来收入 1958 年都市情境主义杂志第 2 期的文章中，德博尔总结了都市漂流的基本感受：

> 情境主义实践的一个主要内容就是"都市漂流"，一种从千变万化的环境中快速穿行的技术。"都市漂流"兼容了游戏性和建设性的行为，也对地理心理学效果怀有预期，在这个意义上大大有别于传统意义上的旅行或闲逛。在"都市漂流"中，个人或群体暂时放下了他们的社会关系、工作和娱乐活动，以及全部通常的运动和行为动机，任由自己被环境所吸引，被无意中遭遇的一切所吸引。（Knabb 2007：62）

德博尔提出的游戏与建设相结合的概念，不仅是本雅明"第二技术"（second technology）的回响，也让人回忆起超现实主义的精神自由连接或"心灵自动力"（psychic automatism）概念。正如布列东在 1924 年的第一次《超现实主义宣言》中表明的，现代艺术的革命潜力存在于打破对物质环境的传统的、习惯性的回应。这样，真正的挑战演变为设计某种"游戏空间"，在其中能够实现真正的集体参与。这一任务被荷兰艺术家和建筑师康斯坦特·尼乌文赫伊斯（Constant Nieuwenhuys）承担下来，他通常以"康斯坦特"的名字为人所知，是早期情境主义国际的核心人物之一，后来成为 1958 年成立的阿姆斯特丹分支的领袖。

在情境主义国际杂志 1959 年一篇题为《一个不同的城市，一种不同的生活》(A Different City for a Different Life)的文章中，康斯坦特将情境主义者的反都市主义的特征描述为一个充满娱乐精神和游戏的城市。具体地说，康斯坦特反对现代主义城市规划中的功能分区、放射状道路和花园城市，主张都市聚集，因此认为情境主义者提倡的反模式即起初所谓的"总体都市主义"(unitary urbanism)，通过建设集体游戏的环境空间能够很大程度上克服原有城市环境的孤独感和疏离感：

> 我们抛弃了绝大多数现代建筑师主张的花园城市理念，提出"覆盖城市"(covered city)的图景，那里笔直的大街和彼此分离的建筑将不复存在，让位于连续的建筑空间，它被托举于地面之上，里面既有住宅也有公共空间（若有需要也可根据实际情况进行改造）。因为所有的道路交通在功能上来说都从整体建筑的下部或顶层平台解决，马路就可以取消了。

125

> 这个空间四通八达，形成一个巨大而复杂的社会交往综合体。不必再提重返自然——在公园里生活的陈旧概念，就像从前那些孤独的贵族——我们利用这个机会，在这无比宏大的建筑中征服自然，在各种各样的空间里按照我们的意愿随意调节气氛、照明和声音。(McDonough 2002：96)

康斯坦特身上明显带有现代主义的痕迹，加上他大体上认为建筑设计具有直接的社会效用，这些因素导致他于 20 世纪 60 年代从情境主义国际中脱离出来。接下来的 15 年时间里，康斯坦特专注于一个名为"新巴比伦"的方案，那是一个由绘画、模型和雕塑共同组成的集体游戏的环境。在这个领域中，人造环境中起决定作用的因素并非如现代主义建筑拥护者主张的那样是效率最大化的诉求，而是意在激发来自于居民公共参与的最大程度的多样化诉求。康斯坦特此前对地理心理学在特定情感空间方面创造性作用的认识非常清楚，所以牢牢抓住公众参与的机会，将之视为自发性创造和情感环境的潜在方向。康斯坦特关注总体机动性和局部可变性，带着这样的念头，他完成了细节翔实的设计方案，认为这将实现他理想中的游戏生活：

> 这座建筑的主要部分是一个水平延展的骨架，大概有10~20公顷那么大，离地15~20米高：建筑的总高大约在30~60米之间……像"新巴比伦"这么大跨度的建筑获得一种体量，要比尺度小于它的建筑更独立于外部世界。比方说，阳光在这里只能照进来几米远，内部巨大的空间完全倚赖人工照明。夏季升温很慢，冬季内部的温度散失也不大，结果外部温度的变化对内部几乎没有什么影响。气候条件（即光线、温度、湿度、通风等的综合）都通过技术手段来控制。

> 在其内部，气候可以在一定范围内主动调节，或者根据意愿人为地制造出来……音像设备也以同样方式被使用着。这个波动的世界由很多部分组成，需要很多服务设备（传送与接收网络），它们必须同时是去中心化和公共性的。鉴于大量的参与者要进行图像和声音的传送和接收，为使社会行为变得透明，现代电信传输系统就变成一个不可或缺的要素。（Constant，"New Babylon"，www.notbored.org/new-babylon.html）

当我们试图对康斯坦特的建筑乌托邦进行公允的评价之

时，必须意识到，正是他的绘画、模型和其他实物展示较其理论阐述更能让人获得直观的印象，了解其所谓"游戏的社会"到底是怎样一种情形。这些展品真的让我们觉得城市是一个迷宫，就像本雅明和超现实主义者预言的那样。安迪·梅里菲尔德（Andy Merrifield）评价道：

> 康斯坦特的一些方案是令人愉悦的、色彩明丽的废墟景观，以及用有机玻璃制作的未来城市模型。离近细看，有些部分像是巨大的飞机起落架；有些部分像是施工尚未完成的商场，巨大的建筑工地上钢铁脚手架堆在一起，之间留出狭小的缝隙；还有一些就像是雄伟的皮拉内西式迷宫。（Merrifield 2002：99）

最近研究"新巴比伦"的文章越来越多了。从这些文章中，我们可以看到人们对这个视觉乌托邦的看法真是各有千秋（de Zegher and Wigley 2001）。比如建筑理论家安东尼·韦德勒（Anthony Vidler）就曾作出了积极的评价：

> 这一组建筑图纸显然拥有非凡的历史价值，也会引起争论。但康斯坦特的"新巴比伦"方案最初吸引我的，是它那难以描述的真实感——感觉是完全可以被建造出来的，或者甚至说是已经被建造出来了的。（Vidler 2001：83）

但汤姆·麦克多纳（Tom McDonough）更深入的研究直接挑战了韦德勒的观念，即这些图表和视觉图像蕴含着了不起的乌托邦力量；他认为康斯坦特的图像在其创建带有反动政治色彩的"表现建筑学"中扮演了至关重要的角色。麦克多纳特别指出："康斯坦特的目标和他创造的实际图景之间存在着不容忽视的距离感。"新巴比伦"对城市进行了理论批评，在使用媒体方面却丝毫未见其批评态度。"（McDonough

麦克多纳不仅不认为"新巴比伦"方案中包含任
何真正意义上的群众参与机会，反而觉得这个方案代表了设
计师向工具理性屈膝，是协助实现晚期资本主义消费时代人
造环境的帮凶：

> 本意是创造一个乌托邦、一个乌有乡（no-place），
> 康斯坦特却漫不经心地预言了一个现世的非人之地（non-
> places）：飞机场、高速公路、购物中心，甚至可以说是整
> 套日益定义着我们的日常生活的世纪末伪建筑学……我
> 们可以说，这些图纸，即使是其中最强有力的一部分，都
> 深陷于矛盾的语言，而不是用语言反映了外部世界的矛盾
> 特质。（McDonough 2001：100）

本雅明跟随着吉迪翁的思路，认为建筑中包含着"建构
上的无意识"，无意中投射出社会环境未来的形态。通过这种
方式，一些建筑不知不觉地呈现出尚未来临的时代风貌。不过，
本雅明却固守着理论和政治上的禁令，从不努力以具体图像
的形式预测尚未到来的事情。正如他在晚期作品《历史哲学
论纲》的一条笔记中所说：

> 任何人追问"救赎人类"的条件是怎样的，该如何
> 创造此条件，以及这样的条件何时才能出现，都必将徒
> 劳无功。他还不如去问问紫外线是什么颜色。（Benjamin
> 2003：402）

说到这个绝不对未来进行具体预测的禁忌，我们应该意
识到，康斯坦特其实从来没有打算将其"新巴比伦"方案付
诸实施。进一步说，他的图纸和模型确实有两处与本雅明对
建筑和更广泛的艺术的理解的核心内容非常类似：首先是将现
代城市看作一座迷宫；其次是技术在历史中的角色转型——从

控制转为游戏。其实无论什么建筑方案，一经图像化就必然会与本雅明拒绝设想人类救赎图景的禁令相抵牾。康斯坦特的设计图依然可以看作一次有价值的尝试，将建筑中的公众参与进行了图像化的工作，且与本雅明的公众参与思想不谋而合。

一种反纪念性的建筑记忆

康斯坦特的集体游戏建筑可以代表本雅明建筑思想的一个侧面（关于乌托邦），而阿尔多·罗西则代表了另一个侧面，即建筑的纪念功能的方面。就在文丘里（Venturi）出版了那本颇有影响的著作《建筑的复杂性与矛盾性》（Complexity and Contradiction in Architecture）的同一年（1966 年），罗西也完成了《城市建筑学》（The Architecture of the City），解释了城市环境的集体和历史 – 政治特征。这本书写作的当口，针对现代主义建筑教条的反攻正如火如荼，而罗西则一心一意关心着城市在表达和传承历史记忆方面的可能性。尽管了解城市规划是必不可少的，罗西仍特意强调了城市经久物的特殊价值。

建筑唤起记忆的功能与建成环境的质量密切相关。谈到这种关联，罗西引用了路斯（Loos）在 1910 年建筑演讲中说的那句名言："如果我们在林中看见一个六英尺长的土堆，用铁锹修成了金字塔形，我们会变得严肃，一个声音在我们心里说：'有人葬在此地'。这就是建筑。"（Rossi 2002: 107）事实上路斯认为建筑中有两个典型：坟墓（德文是 Grabmal）和纪念碑（德文是 Denkmal）。前文曾谈到，本雅明研究拱廊街的潜在意图是为了采用一种全新的历史编撰学方法分析巴黎这座城市，他称这种方法为"唤醒术"（1999b: 388）。

唤醒，需要通过对记忆本身的处理，通过一种辩证的、哥白尼式的转换。德语中"纪念"一词是 Eingedenken，与另一个词 Gedächtnis 有关，意思是"德国日常中的记忆力量"。

从字面上看，Eingedenken 的意思只是在头脑中存储关于事物的记忆。而这正是坟墓和纪念碑建筑的显而易见的功能所在。

关于建筑与集体记忆的关联，若与本雅明的思想结合起来考虑会颇有收获。他在《历史哲学论纲》中讨论发达资本主义条件下与文化发展相伴随的野蛮暴力时谈到过这个问题。在注释中，本雅明提出，为了通过革命获得历史救赎，需要一种能力，进入"属于过往的一个独特的房间，迄今为止一直关着门，上了锁"（Benjamin 2003: 402）。他继续道："进入这个房间的方式在严格意义上恰好是政治行动，而正是这种进入的方式使政治行动无论具有多大的破坏力，依然是充满救世情怀的。"（402）

罗西的理论超出了现代功能主义范畴因而充满争议的一面，主要体现在他的"城市特异点"观念上，他认为那些受人尊重的场所和建筑都属于特异点。他写道："它们的特异性源于某个重大的历史事件，或用以记录这些事件的标记。"（Rossi 2002:106）建筑学的基本问题演变为关注"纪念物的特异性、城市的特异性、建筑物的特异性，以及特异性概念本身"。（107）他总结道："所有这些问题很大程度上具有集体特征，它迫使我们在思考场所与人的关系问题时停顿片刻，转而去思考生态和心理之间的关系问题。"（出处同上）

我们在前一个段落中探讨了情境主义者对人造环境与社会行动之间的关系的研究，与现在讨论的问题颇有关联。当消费文化被用来制造同质化无差别的人造环境之时，对场所特异性的集体觉悟显然意味着一种抵抗性的政治行为。这一过程自 20 世纪初期始在批判城市社会学中已经广为人知，如德博尔在《景观社会》一书中所说：

> 市场呼唤抽象空间，为了将其填满，批量制造的商品越积越多，所有地区和法律上的藩篱都被打破……场所的独立性和品质也必将化为乌有。同质化像一门重炮，在它的攻击之下，长城轰然倒塌。（Debord 1995：120）

130　　　　尽管情境主义者对非常规的建筑范式心存疑虑，罗西却断言保存真正集体记忆的场所建造永远都是可能的。他写道，建筑学主要关注的就是基地和设计的关系。对罗西来说，场所的独特性不可能成为建筑设计过程中不可逾越的藩篱；正相反，建筑史中有无数的例子，精确地记录了建筑个案同各不相同的场地之间如何建立起有效的关联。在描述建筑设计的感觉时，罗西抛弃了广为应用的"文脉"一词，而采用了"纪念碑"的概念：

> 忽略它那历史决定论的存在形态，纪念碑作为现实可以拿来作很好的分析素材；而且，我们可以设计"纪念碑"。然而，为了实现这一点，我们需要一种建筑学，或者说，一种"风格"。只有建筑风格的存在，能够保证基本选择的可能；正因有了这些选择，城市方得发展。（Rossi 2002：126）

对纪念碑的关注引导罗西得到如下结论："可以说城市本身就是其居民的集体记忆，而且就像真实的记忆一样，依附在物品和场所之上。"（130）

本书开始于本雅明的柏林童年回忆。我们应该还记得，他的经验和思想同地形和环境之间有着多么密切的关联。而在他写作生涯的末期，他愈加确信历史救赎唯有通过真实的集体回忆行为方能达成。类似于普鲁斯特的观念，个人救赎只能在与承载着个人记忆的物品的重逢中找到，本雅明寄托在拱廊街上的理想是：通过对它的回忆，商业资本主义造成的社会大溃败可以得到救赎。虽然本雅明在现代主义建筑中看到了另一种人造环境的可能，来祛除腐朽没落的中产阶级室内装饰，他与超现实主义的结合使他明白，清除附着在这些室内空间中的韵味殊非易事。历史的梦魇幻化成铺天盖地的文牍，遮蔽了真实的灾容，使大众陷入周而复始的集体麻痹。

131

顺着本雅明的思路，纪念建筑是对既有秩序的抵抗而非遵守，这必将打破商品文化中工具性的个人主义观念，唤醒新的可能性。它们必将在我们仍然居住的城市中培育抗争的苗头。因此，现代主义者将整座城市全盘更新的思维，被 20 世纪后半叶的城市运动所抛弃，也就是理所当然的事情了。**按照本雅明的意思，拯救现实的唯一途径，就是去收复那些具有历史抵抗意义的场所，释放被压抑的潜能。从这个意义上讲，城市中的反纪念碑就像一堆尖利的碎片划破人造环境，防止它越来越同质化。它们的存在提醒人们，那些被看作铁板一块的现实，也会在集体的抗争中土崩瓦解。**罗西振聋发聩地说：

> 以这种方式，城市的复杂结构从碎片化的历史话语中浮现出来。或许城市的法则与支配人类个体的生活与命运的法则别无二致。即使受制于生死大限，每个人的传记都记录了独特的人生旨趣。因而城市中的建筑、那些出类拔萃的人类造物，就是城市这部传记的物质象征，我们靠这些建筑来辨认它的形象，而不是靠意义和感觉。（Rossi 2002：163）

132

纪念本雅明

本雅明与巴黎唇齿相依，直到 1940 年 6 月德军铁蹄踏入法国之际，他与妹妹朵拉（Dora）一同逃往南部的卢尔德（Lourdes）地区。8 月中旬，他到达港口城市马赛，并终于获得了进入美国的签证，然而法国在投降协议上签字，意味着这份签证变成了一纸空文。9 月底，本雅明乘火车前往比利牛斯山区，来到法国和西班牙边境，妹妹朵拉则留在了卢尔德。本雅明决定与两个熟人一起徒步翻越山间小路去往西班牙。他的身体糟糕到了极点，无法随同行人员返回边境的法国一侧休整，只好于 9 月 25 日独自在山上过夜。第二天，有一些其他人加入进来，一起来到边境西班牙一边的小镇波布（Port Bou）。当他们去往边境管理局报到时，被告知西班牙政府最近关闭了口岸：他们将于次日被遣返法国，几乎肯定会被送往拘留营，甚至更糟。

9 月 27 日凌晨，本雅明吞服了大剂量的鸦片，并给一位同行的女士留了一张便条，上面写着：

> 现在已是死路一条，我只好做个了断。我的生命将在这个没人认识我的比利牛斯山区小镇里终结。

本雅明身上带的钱不多，仅够支付当地墓园 5 年的费用。按照他自己的意愿，死亡证明上记录的死亡原因是：自然死亡，名字一栏写着"本雅明－沃尔特"（Benjamin Walter），掩盖了他的犹太人身份，因此被允许葬在天主教墓地。5 年后租约到期，本雅明的遗体被移出，很可能是被迁往某处集体墓穴。

在 1931 年 5 月的一则日记里，本雅明曾谈到自杀的问题：

> （自我了断）的深切愿望并非是痛苦煎熬的结果；说它难以索解，因它虽与我的经济窘境有关，却更多是缘于我的一个念头，即：若非最热切的愿望获准实现，生命什么价值都没有。不理解这一点，就无法懂得为何会愿意结束自己的生命：因为我这个热切的愿望，直到最近我才看清它：好比终究看清一页原始手稿，上面密密麻麻都是手写的字迹，字字都是我的命数。（Benjamin 1999a：470）

跟随着童话传统，本雅明许下了三个愿望，但只实现了其中一个："对远方，特别是对长途跋涉的向往"。他在日记里回忆起 1924 年从德国去往意大利的事情，那次旅行几乎耗光了他的口袋。他在海边的陋室里过着一种沉思的生活，而不愿返回年轻时代生活的城市。几天后他在另一篇日记里幻想了一幅场景，将那个离群索居的巢穴描写得美轮美奂：

> 我眯着眼睛凝视这个场景。面前是大海，从湾里望去平滑如镜；坡上森林一望无际，像一个静默的庞然大物；另一侧，城堡废墟的断壁残垣横亘在那里，仿佛已有数百年之久；天空一丝云也没有，那句老话怎么说来着？——天堂般碧蓝。此正是梦中之人将自己沉入风景时渴望看到的画面……为了让美景永不褪色，我们命令自然于此刻静止——借助多情的黑魔法之力。但将这份美丽冻结如新生的魔咒，乃是诗歌的赠予。（473-4）

以色列艺术家达尼·卡拉万（Dani Karavan）出于对本雅明的纪念，按照自己的想法在其去世的波布小镇用建筑塑造了一幅画面。一部楼梯将岸边的岩体切开，让人看见下面的大海，取景框成为一条通道。卡拉万说，透过这个构筑物看见永不平息的海面，就像本雅明动荡的命运。走道尽头是一片玻璃，将行人与大海分隔开来，上面刻着死者的那句话："敬重无名者的记忆，比纪念名人更加艰难。书写历史，是为了完成对无名者的缅怀。"

卡恰里说："对本雅明来说，只有无声流逝的分秒时光才能打开通往救赎的传送门，同样地，对路斯来说，只有建筑中那些不起眼的细枝末节朝艺术的世界敞开。"（1993: 196-7）毫无疑问，本雅明会希望玻璃上不只刻这一句，还要刻上他在写给汉娜·阿伦特（Hannah Arendt）的信中以游戏的笔法重复的哪句话，以他仅剩几个月的生命来说，怎么看都像是墓志铭："懒惰使他在歧途和默默无闻中虚掷光阴。"（Scholem and Adorno 1994: 637）

此前我们已经在现当代建筑学的语境中对本雅明的思想加以考察。如我们在本书开头所说，本雅明对建筑理论作出的重要思想贡献是，他发现了由居所向住宅的转变。在一些当代学者如海德格尔眼中，居所扮演着与现代工业技术造成的社会冲击相抵抗的角色，而住宅则代表着使这种生产技术成为社会实践的努力。本雅明属于少数努力怀着同情但批判的态度对现代主义建筑的社会价值作出全面评估的20世纪西方思想家中的一员。他对现代艺术和设计虽抱有好感，但也同样充满暧昧：他坚决不能赞成对先锋艺术的漠视，但也承认现代主义在演变为真正的群众运动方面毫无胜算。

在《作为生产者的作者》这样的文章中，本雅明预言了20世纪70年代西方建筑学的危机，他呼吁知识分子和艺术家赶快从狭隘的技术专家思维中走出来。怀着同样的期待，本雅明劝告英雄主义的现代建筑，不要真的一次性将整座城市推倒重建。本雅明也预言了罗西的观念，先一步提出城市是集体记忆的空间，并呼吁代际正义的观念，作为对漫然无序的城市更新过程的修正。最后，本雅明通过对"迷宫"这个观念形象的反复讨论，预言了后来的游戏建筑学。

从这个意义上来说，他实际上开启了种种有别于经典现代主义的异端思想，如情境主义者的都市漂流和精神地理学、柯林·罗和弗瑞德·科特的拼贴城市、雷姆·库哈斯（Rem Koolhaas）的"癫狂大都会主义"（delirious metropolitanism）和伯纳德·屈米（Bernard Tschumi）的"事件城市"（event cities）。

从事这项关于本雅明的作品的研究工作，是令人兴奋的经历。尽管本雅明有限的几篇文章几十年前就已成为公认的经典文本，理论家和实践建筑师却正以极大的热情重新解读他的思想，以期获得更加全面的认识。《拱廊计划》十多年前被翻译成英文，而四卷本的《本雅明作品选》（Selected Works）到2003年方告编撰完成。这些材料成为一个有待开采的宝藏，能给无数理论和实践领域带来全新的内容。有人认为，《**拱廊计划**》只是资料的堆积和故意散乱拼凑的粗线条文本，本来是**为了后续写作提供基础，所以不能看作本雅明的代表作之一。然而理论家的损失往往使实践者获益，因为本雅明概念上的不精确处留出想象的空间，能引来更多创造性的批判回应。**

大家可能注意到一个有意思的事情：本雅明将他那个时代社会条件的历史起源看作是在19世纪中叶，而他成熟期的思想恰好落在现代建筑苗头初露的时间点上，其对建筑和艺术文化的影响，直到今日仍方兴未艾。

这是否意味着，从居所向住宅的转型仍未能形成清晰的社会自觉？今天，越来越多的迹象表明：有活力且切实可行的公共空间正在得到越来越多的关注，甚至成为一些社会团体和组织的基本观念和迫切需求。在这方面，本雅明为他们提供了清晰表达这份关注的理论语言。尽管本书尽是关于建筑历史和理论方面的探讨，通过最后一段分析，今天的实践建筑师可能会认为本雅明是个过早离世的同时代人。

参考文献

Adorno, T. and Horkheimer, M. (1997) 'The Culture Industry: Enlightenment as Mass Deception', in *Dialectic of Enlightenment*, trans. J. Cumming, London/New York: Verso.

Bachelard, G. (1994)*The Poetics of Space*. Boston: Beacon Press.

Baudelaire, C. (1964) 'The Painter of Modern Life', in *The Painter of Modern Life and Other Essays*, ed. and trans. J. Mayne, London: Phaidon.

Benjamin, W. (1986) *Moscow Diary*, ed. G. Smith, trans. R. Sieburth, Cambridge, MA: Harvard University Press.

— (1991) *Gesammelte Schriften* II, eds R. Tiedemann and H. Schweppenhäuser, Frankfurt: Suhrkamp.

— (1994) *The Correspondence of Walter Benjamin*, eds T. Adorno and G. Scholem, trans. M. R. Jacobson and E. M. Jacobson, Chicago: University of Chicago Press.

— (1996) *Selected writings*, vo1. 1, eds M. Bullock and M. Jennings, Cambridge, MA: Belknap Press.

— (1999a) *Selected writings*, vol. 2, eds M. Jennings, H. Eiland and G. Smith, Cambridge, MA: Belknap Press.

— (1999b)*The Arcades Project*, ed. R. Tiedemann, trans. H. Eiland and K. McLaughlin. Cambridge, MA: Belknap Press.

— (2002) *Selected writings*, vol. 3, eds H. Eiland and M. Jennings, Cambridge, MA: Belknap Press.

— (2003) *Selected writings*, vol. 4, eds H. Eiland and M. Jennings. Cambridge, MA: Belknap Press.

— (2007) *Walter Benjamin's Archive*, eds U. Marx, G. Schwarz. M. Schwarz and E. Wizisla, trans. E. Leslie, London/New York: Verso.

Bingaman, A, Sanders. L. and Zorach, R. (2002) *Embodied Utopias: Gender, Social Change and the Modern Metropolis*, London/New York: Routledge.

Bloch, E. (1995) *The Principle of Hope*, vol. 2, trans. N. Plaice. S. Plaice and P. Knight, Cambridge. MA: MIT Press.

— (2000)*The Spirit of Utopia*. trans. A. Nassar. Stanford, CA: Stanford University Press.

Boyd Whyte, I. (ed.) (2003) *Modernism and the Spirit of the City*, London/New York: Routledge.

Breton, A. (1969) *Manifestoes of Surrealism*, trans. R. Seaver and H. Lane, Ann Arbor, MI: University of Michigan Press.

Buck-Morss, S. (1989)*the Dialectics of Seeing: Walter Benjamin and the Arcades Project*, Cambridge. MA: MIT Press.

— (2006) 'The Flâneur, the Sandwichman and the Whore: The Politics of Loitering', in *Walter Benjamin and The Arcades Project*, ed. B. Hanssen, London/New York: Continuum.

Cacciari, M. (1993) *Architecture and Nihilism: On the Philosophy of Modem Architecture*, trans. S. Sartarelli, New Haven/London: Yale University Press.

— (1998) 'Eupalinos or Architecture', in *Architecture Theory since 1968*, ed. K. Hays, Cambridge, MA: MIT Press.

— Constant. 'New Babylon'. Online:www.notbored.org/new-babylon.html (accessed25 March2010).

Crary. J. (1992) *Techniques of the Observer: On Vision and Modernity in the Nineteenth Century*, Cambridge, MA: MIT Press.

— (2001) *Suspensions of Perception: Attention, Spectacle and Modern Culture*, Cambridge, MA: MIT Press.

Curtis, W. (2002) *Modern Architecture since 1900*, London/New York: Phaidon Press.

Debord. G. (1995) *The Society of the Spectacle*, trans. D. Nicholson Smith, New York: Zone.

— 'Theory of the Dérive' (2007) in *Situationist International Anthology*, ed. and trans. K. Knabb, Berkeley, CA: Bureau of Public Secrets.

de Zegher, C. and Wigley. M. (eds) (2001) *The Activist Drawing: Retracing Situationist Architectures from Constant's New Babylon to Beyond*, Cambridge, MA: MIT Press.

Eiland, H. (2005) 'Reception in Distraction', in *Walter Benjamin and Art*, ed. A. Benjamin, London/New York: Continuum.

Elliott, B. (2005) *Phenomenology and Imagination in Husserl and Heidegger*, London/New York: Routledge.

— (2009) 'The Method Is the Message: Benjamin's Arcades Project and Theoretical Space', *International. Journal of Philosophical Studies*, 17: 123-35.

— (2010) *Constructing Community: Configurations of the Social in twentieth-Century Philosophy and Architecture*, Lanham, MD: Lexington.

Ernst. M. (1976) *Une semaine de Bonté : A surrealistic Novel in*

Collage, ed. S. Appelbaum, New York: Dover.

Etzioni, A. (1996) *The New Golden Rule: Community and Morality in a Democratic Society*, New York: Basic Books.

Flyvberg, B. (1998) *Rationality and Power: Democracy in Practice*, Chicago: University of Chicago Press.

Foster. H. (1993) *Compulsive Beauty*, Cambridge, MA: MIT Press.

Frampton. K. (1992) *Modern Architecture: A Critical History*, London: Thames & Hudson.

— (1995) *Studies In Tectonic Culture: The Poetics of Construction in Nineteenth and the Twentieth Century Architecture*, ed. J. Cava, Cambridge. MA: MIT Press.

Geist, J. (1985)*Arcades: The History of a Building Type*, Cambridge, MA: MIT Press.

Giddens, A. (1998) *The Third May: The Renewal of Social Democracy*, Cambridge: Polity Press.

Giedion, S. (1995) *Building in France, Building in Iron, Building in Ferroconcrete*, trans. D. Berry, Santa Monica, CA: The Getty Center for the History of Art and the Humanities.

— (2002) *Space, Time, and Architecture: The Growth of New Tradition*, Cambridge. MA: Harvard University Press.

Hanssen, B. (2005) 'Benjamin or Heidegger: Aesthetics and Politics in an Age of Technology', in *Walter Benjamin and Art*, ed. A. Benjamin, London/New York: Continuum.

Harries, K. (1998)*The Ethical function of Architecture*, Cambridge, MA: MIT Press.

Harvey. D. (1996) *Justice, Nature and the Geography of Difference*, Oxford: Blackwell.

— (2000) *Spaces of Hope*, Berkeley/Los Angeles, CA: University of California Press.

— (2003) *Paris, Capital of Modernity*, New York/London: Routledge.

Heidegger, M. (2008) *Basic Writings*, ed. D. Krell. San Francisco: HarperCollins.

Horkheimer, M. (1972) 'Traditional and Critical Theory', in *Critical Theory: Selected Essays*, trans. M. O'Connell et al., New York: Herder& Herder.

— (1993) 'A New Concept of ideology?', in *Between Philosophy and Social Science*, trans. J. Torpey, Cambridge, MA:MIT Press.

Hvattum, M. and Hermansen, C. (eds)(2004) *Tracing Modernity: Manifestations of the Modern in Architecture and the City*, London/New York: Routledge.

Jacobs. J. (1993) *The Death and Life of Great American Cities*, New York: Modern Library.

James-Chakraborty, K. (2000) *German Architecture for a Mass Audience*, London/New York: Routledge.

Jameson, F. (2005) *Archaeologies of the future: The Desire Called Utopia and Other Science Fictions*, London/New York: Verso.

Knabb, K. (2007) *Situationist International Anthology*, Berkeley, CA: Bureau of Public Secrets.

Koetter, F. and Rowe, C. (1984) *Collage City*, Cambridge, MA: MIT Press.

Koolhaas, R. (1994) *Delirious New York*, New York: The Monacelli Press.

Lahiji, N. (2005) ' "... The Gift of Time": Le Corbusier Reading Bataille', in *Surrealism and Architecture*, ed. T. Michal, London/New York: Routledge.

Le Corbusier(1929) *The City of To-morrow and Its Planning (Urbanisme)*, London: John Rodker.

— (1967)*The Radiant City*, New York: Orion Press.

— (2007) *Towards an Architecture*, trans. J. Goodman, Los Angeles: The Getty Research Institute.

Lefebvre, H. (2003) *The Urban Revolution*, trans. R. Bononno, Minneapolis, MN: University of Minnesota Press.

Leslie, E. (2006) 'Ruin and Rubble in the Arcades', in *Walter Benjamin and The Arcades Project*, ed. B. Hanssen, London/New York: Continuum.

Loos, A. (1998) *Ornament and Crime: Selected Essays*, ed. A. Opel, trans. M. Mitchell, Riverside. CA: Ariadne Press.

Lukacs, G. (1971) *History and Class Consciousness,* trans. R. Livingstone, Cambridge. MA: MIT Press.

McDonough, T. (2001) 'Fluid Spaces: Constant and the Situationist Critique of Architecture'. in *The Activist Drawing: Retracing Situationist Architectures from Constant's New Babylon to Beyond*. eds C. de Zegher and M. Wigley, Cambridge, MA: MIT Press.

— (ed.) (2002) 'Critique of Urbanism', in *Guy Debord and the Situationist International*. ed. T. McDonough, Cambridge. MA; MIT Press.

McLuhan, M. (1993) *Understanding Media: The Extensions of Man*, Cambridge, MA: MIT Press.

Mannheim, K. (1995) *Ideologie und Utopia*. Frankfurt:

Klostermann.

Marin, L. (1984) *Utopics: Spatial Play*, London: Palgrave Macmillan.

Marx, K. and Engels. F. (1978) *The Marx-Engels Reader*, ed. R. Tucker, New York: Norton.

Merrifield, A. (2002) *Metromarxism*, New York: Routledge.

Michal, T. (ed.) (2005) *Surrealism and Architecture*, London/ New York: Routledge.

Miller, T. (2006) ' "Glass before its Time, Premature Iron": Architecture, Temporality and Dream in Benjamin's Arcades Project', in *Walter Benjamin and The Arcades Project*. ed. B. Hanssen, London/New York: Continuum.

Missac, P. (1995) *Walter Benjamin's Passages*, trans. S. Nicholsen, Cambridge, MA: MIT Press.

Pensky. M. (1993) *Melancholy Dialectics: Walter Benjamin and the play of Mourning*, Amherst. MA: University of Massachusetts Press.

Pinder, D. (2005) 'Modernist Urbanism and its Monsters', in *Surrealism and Architecture*, ed. T. Michal, London/New York: Routledge.

Polizzotti, M. (1995) *Revolution of the Mind: The Life of Andre Breton*, New York: Farrar Straus& Giroux.

Rendell. J. (1999) 'Thresholds. Passages and Surfaces: Touching, Passing and Seeing in the Burlington Arcade', in *the Optic of Walter Benjamin*, ed. Alex Coles, London: Black Dog Publishing.

Richardson, T. and Connelly, S. (2005) 'Reinventing Public Participation: Planning in the Age of Consensus', in

Architecture and Participation, eds P. Blundell Jones, D. Petrescu and J. Till, London/New York: Spon Press.

Richter, G. (2006) 'A Matter of Distance: Benjamin's *One-Way Street* through *the Arcades Project*', London/New York: Continuum.

Rice, C. (2007) *The Emergence of the Interior: Architecture, Modernity, Domesticity*, London/New York: Routledge.

Rochlitz, R. (1996) *The Disenchantment of Art: The Philosophy of Walter Benjamin*, trans. J. Todd, New York/London: The Guilford Press.

Rossi, A. (2002)*The Architecture of the City*, trans. D. Girardo and J. Ockman, Cambridge. MA: MIT Press.

Scholem, G(1981) *Walter Benjamin: The Story of a Friendship*, trans. H. Zohn, New York: New York Review Books.

Scholem, G. and Adorno, T. (1994) *The Correspondence of Walter Benjamin*, trans. M. Jacobson and E. Jacobson, Chicago: University of Chicago Press.

Simmel, G. (1971) *On Individuality and Social Forms*, ed. D. Levine, Chicago: University of Chicago Press.

Sennet, R. (1994) *Flesh and Stone: The Body the City in Western Civilization*, New York/London: Norton.

— (2002) *The Fall of Public Man*. London: Penguin.

Sharr, A. (2007) *Heidegger for Architects*. London/New York: Routledge.

Tafuri, M. (1976) *Architecture and Utopia: Design and Capitalist Development*, trans. B. La Penta, Cambridge, MA: MIT Press.

— (1998) 'Toward a Critique of Architectural Ideology', trans.

S. Sartarelli, in *Architecture Theory since 1968*, ed. M. Hays, Cambridge, MA: MIT Press.

Tafuri, M. and Dal Co, F. (1979) *Modern Architecture*. trans. R. Wolf. New York: Harry N. Abrams.

Tonnies. F. (2001) *Community and Civil Society*, ed. J. Harris, trans. M. Hollis, Cambridge: Cambridge University Press.

Tournikiotis, P. (2002)*Adolf Loos*, New York: Princeton Architectural Press.

Venturi, R. (2002) *Complexity and Contradiction in Architecture*, New York: Museum of Modern Art.

Vidler. A. (2000) *Warped Space: Art, Architecture, and Anxiety in Modern Culture*, Cambridge, MA: MIT Press.

— (2001) 'Diagrams of Utopia', in *The Activist Drawing: Retracing Situationist Architectures from Constant's New Babylon to Beyond*, eds C. de Zegher and M. Wigley, Cambridge. MA: MIT Press.

Witte, B. (1991) *Walter Benjamin: An Intellectual Biography*, trans. J. Rolleston, Detroit: Wayne State Press.

Wolin. R. (1994) *Walter Benjamin: An Aesthetic of Redemption*, Berkeley/Los Angeles, CA: University of California Press.

索引

本索引列出页码均为原英文版页码。为方便读者检索，已将英文版页码作为边码附在中文版左右两侧相应句段。

给建筑师的思想家读本

Thinkers for Architects

为寻找设计灵感或寻找引导实践的批判性框架，建筑师经常跨学科反思哲学思潮及理论。本套原创丛书将为进行建筑主题写作并以此提升设计洞察力的重要学者提供快速且清晰的引导。

建筑师解读 德勒兹与瓜塔里

[英] 安德鲁·巴兰坦 著

建筑师解读 海德格尔

[英] 亚当·沙尔 著

建筑师解读 伊里加雷

[英] 佩格·罗斯 著

建筑师解读 巴巴

[英] 费利佩·埃尔南德斯 著

建筑师解读 梅洛-庞蒂

[英] 乔纳森·黑尔 著

建筑师解读 布迪厄

[英] 海伦娜·韦伯斯特 著

建筑师解读 本雅明

[美] 布赖恩·埃利奥特 著

译后记

十多年前，在写硕士论文的时候，我初步接触到本雅明的思想。那时候对现代哲学了解有限，读到的往往是一些泛泛的入门书籍，对原著是没有勇气读的。这里还要顺带吐槽一下我们的基础教育，高中甚至本科阶段所学思想性不足，课本内容太过重视实用，导致观念贫乏。作为一门强调创造的学问，建筑学太需要观念了，人文素质的缺乏导致设计没有灵魂，是这个学科的大问题。

话说当时的哲学入门读物讲 20 世纪哲学的语言学转向，大意是说，越到近代人们越明白，我们的思想世界甚至人造环境都是通过语言来建构的。语言是人对主、客观世界的符号化，人类通过语言来认识世界，只能建构语言所有而不能设想观念所无，所以对语言（不是具体的语言文字的语言，而是思想意义上的概念和叙事）本身的研究成为哲学家普遍关注的问题。

这本书所讲的东西都是哲学常识，当时却让我颇感新鲜，从而联想到建筑问题，直到今天也还在潜移默化地影响我看待问题的方式。我才意识到，相对世界的无限而言，人类认知的边界就是我们的语言，所以一切自封为永恒或普世的断言都经不起时间考验。随着认知的发展，科技和文学艺术都会发生变化。也许我们的语言至今也还是非常幼稚、原始的认知工具，对于世界的认识极其肤浅而有限。从这个意义上来理解诗人和哲学家的地位，我认为诗歌的作用是扩大语言的外延，诗人的感受力超常，他通过对既有语言的重新调校或创新来扩大认知边界，拓展人类的总体视野；而哲学的意义在于不断限定语言的内涵，精细调校，让人造世界（观念及人造环境）不至脱离自然法则。如果说诗人是人类认知球场上的前锋，哲学家就是后卫。诗人保持了语言的新鲜，使古老的朴素文字仍然能适应远为复杂的现代社会；哲学家则不断修正观念，一次次回到语言发生的初始状态，避免人们脑子里的世界变得光怪陆离。语言对世界的模拟，永远都是不充分的、不完善的，但人们一边扩大认知的范围，不断给出新的定义，一面小心地修正概念自身的不足，让它保持精确。

但精确不一定意味着客观精准。语言学本身的发展也证明，越是追求客观性和完美无误的准确性，越可能偏离事实本身。哲学意义上的"真实"与现在大家普遍相信的科学的"精准"是不一样的。我们置身其中的现实世界，到底遵循什么样的规则，历史是什么，人类将走向何方，这些宏大而无解的问题，一次次被哲学家修正并重新阐释着，也许永远也不会有确定的答案。当整个人类世界的知识不再满足于宗教教诲之后，诗与哲学更像是一把切开未来的双刃剑，它必须历史性地建构在过往全部有价值的探索之上。

本雅明的哲学就呈现出一种非哲学的模糊性，使它介于诗和理论语言之间。我个人是非常害怕纯粹的理论语言的，把哲学写得跟数学算式一样。遗憾的是，现代哲学很有些向科学语言靠谱的倾向，唯恐语言本身的模糊伤害了观念的清晰。分析哲学特别有这方面的特点，恨不得把世界切成一个个边界清晰的小块，再给每一块刷上不同的颜色和数字编码。在我内心深处，并不认为世界由清晰且彼此嵌套的概念紧密联结而成，这种想法本身包含了对于人类语言的过于乐观的估计，世界的构造应该不是那么简单。

在本雅明支离片段的叙述中浓缩着一个时代最真切的感

觉，这么说并不为过。语言的重要意义就在于捕捉感觉，并将之准确地表达出来。在这方面，本雅明有着过人的天分。在这样的能力面前，文本的完整性和结构的系统性都显得没那么重要了。本雅明的叙述也不太注重逻辑的连贯性，它基本是寓言式的。人们通常认为寓言是文学语言而不是理论语言，长于描述而不是分析。实际上，世界上最了不起的哲学家倒往往是耶稣或佛陀这样的人，他们也不是用理论语言来讲话的。最好的哲学语言是打比方，这方面中国人并不陌生，《道德经》就是用打比方写成的，老子把天地比做"玄牝"；庄子更是写寓言的高手，道理很深但叙述很浅，很有意思。哲学语言用寓言来写，与现实不远，与平常人的心灵不远，这样观念才可以走得很远。我读《本雅明传》，了解到他年轻的时候跟朋友抱怨说读康德读不下去，心里稍感释然。

本雅明的文本深处一直隐藏着一个欧洲北方的小男孩，透过他胆怯又充满好奇的眼睛打量世界。冷峻而密实的石头房子，错综复杂的城市街道，祖母家昏暗且充满装饰的室内，遥远的教堂钟声和烤苹果的香味，漫长而千头万绪的睡前故事……即使到了后期，人们依然可以从他日益晦涩的哲学文本中不断读到这些代表最深层情感经验的事实，像梦境般萦绕在理论语言深处，让人明白这种哲学是以情感为基础的，所以那么多缅怀，那么多憧憬，哪怕在生命中的多数时候，这些文字都被不恰当的政治寓言所侵扰，依然顽强地保持赤子之心，没有让它被无情的大人世界侵蚀掉。本雅明的哲学像是建立在个人经验之上的最精致文本，再往前一步就将进入理性的疆域，成为理论，但它任性地留在属于小说和诗歌的篮子里。对我这种觉得小说和诗歌过于甜腻，而理论文字让人口干的挑剔读者来说，读本雅明如闻纶音，尤其是《驼背小人》里那些充满音乐性的篇章。

那么本雅明为什么会作为哲学家而不是散文家被世界认识呢？我想，这大概是由于他非同寻常的概念建构能力。至少就《驼背小人》或《莫斯科日记》来看，他的文笔是不亚于文学家的，但在多数时候，他忍不住会越位到理论分析领域，而不止步于叙事本身。语言的潜力在于抽象，抽象就像鸦片，会让人上瘾。小说家可以三言两语勾勒一幅画面，却不长于建构概念，更没有意愿去打捞水面以下的东西。这方面，本雅明从事着更加卓绝的思想体操，他的文本只是看上去像文学而已。

哲学家都必须擅长建构概念，评价的标准是概念的深刻性和普遍性。从这个标准来看，本雅明的概念建构能力绝对是超一流水准。比如他发明的"韵味"（aura）这个词，紧紧抓住了不可言传的时间之真相、附着在艺术作品上的隐然光辉。再比如他出人意表地关注机械复制问题，从一百年之后回头看，似乎世界一直在缓慢褪去古老的心灵构造，而艺术家则绝地反击，用行为、用姿势、用一次性的种种来创造不可复制的艺术作品，重新定义了艺术语言的疆域。这些密集的概念创造不仅是高度个人化的，而且是高度特异性的，本雅明永远都关注旁人视而不见的对象。他特别关注城市生活，对空间氛围有着非同一般的敏感。在他的生命后期，他狂热迷恋巴黎拱廊街，探讨"资产阶级居所向现代住宅的转变"过程，他也喜爱南欧城市"多孔多窍"的空间形态，并揭示其对现实世界的特殊价值，这些都与建筑有关。

建筑这门学问，稍有不慎就会被纯粹的技术观念绑架。比如当今特别流行的"海绵城市"理论，我们不妨说本雅明的"多孔多窍"城市观念与之类似，但在精神层面包含了远为丰富的内涵。今天的城市依据经济诉求和科学观念而建，二者都坚硬不堪。城市表面层的硬度，是观念硬度的结果，它不仅不容纳水分和新鲜空气，也不涵养平静悠然的生活，不促成思考，不催生文化，不鼓励多样性。解决城市的硬度问题，首先要从观念入手，但这需要一点时间。这是一个悖论，越期待快速见效，越制造新的硬度，堵塞原有的缝隙。本雅明是在挽留生活与观念的缝隙，不要社会变得密不透风。这难道不是一个建筑问题吗？建筑师应该多听听本雅明的意见。哲学提供高度和视野。没了哲学思维，人们努力做事，却往往是在原地打转。

再比如本雅明对现代居所的讨论。在他的成年时期，现代居所是新鲜事物，也正得到媒体和理论家的鼓吹。本雅明对它的态度是非常复杂的。当自己的成长环境就要被扫进历史的垃圾堆，新的家居环境白亮而卫生，将记忆之物荡涤一空，人们该如何选择？在过去与未来之间，勒·柯布西耶这样的建筑师通过将美学伦理化，不给人们提供折中选项。现代家居环境强调多功能、廉价、方便，带有显而易见的临时感；资产阶级居所封闭、阴暗、守旧，却堆叠记忆、容纳情绪。对此，本雅明欲走还留。

与概念本身的模糊性相应，本雅明在立场上也是模糊的。这让他的哲学像是在记录、在一张黑白照片上留下时代的气氛，而不像拉斯金或海德格尔那样一味缅怀，或柯布西耶、密斯那样勇往直前。在本雅明映衬下，多数的时代先锋都只有一种颜色，都过于单调、过于浪漫了，而世界是有多个侧面的。时代先锋发出怒吼，世界就跟着转向，他们自身的片面让世界变粗糙。

清晰片面的理论是容易建构、容易理解的，对世界的伤害也大。我们对理论思维的警惕，其实是指它们通常具有的这种片面性。本雅明却让我们意识到，建立相对丰富、离真相更近的理论并非不可能。我们用以建构人造环境的武器——

形式语言和建筑概念，也需要更加高级才好。因此，虽然本雅明不写长篇大论，不进行细密扎实的概念爬梳，不罗列眼花缭乱的参考文献，哲学史还是给了他很高的地位，我相信这个地位会越来越高，就凭他那些看起来不太起眼的断简残篇。

本雅明的真正敌人其实是人类简陋的观念，他对此有误解，或者受到时代和情绪的蛊惑。我常以为，如果他不去涉及那些关于社会政治的宏大命题就好了，比如他用批判哲学来分析城市空间的革命属性、对乌托邦的探讨、对公众参与的意见。我们从那些文字里看不到革命信徒的饱满热情。我有点觉得他并不太相信这些，用理性来分析革命究竟是否可能？本雅明的乌托邦一点都不彻底，对待时代精神中令人们趋之若鹜的部分，本雅明是相当疏离的，他的犹豫没有能被措辞掩盖。

就这样，本雅明犹犹豫豫地、删删改改地，创造一个有别于其他哲学家的思想世界。这里面的概念是熟悉又陌生的。他似乎无意也不屑构建一个完美的思想体系，也不想吸引一大批信徒开宗立派，被世界奉若神明；更不愿意委身于权力，换来锦衣玉食。对于多数人来说，本雅明的生活方式缺乏基本的安全感，谁也不希望自己或自己的孩子过这种"只差一步"的可悲生活，做一个世俗意义上的可怜人。

人们都迷恋成功。在思想的世界里，这似乎意味着不停地写作、宣传、交际，不断折腾，吸引人们的注意，却不料曾经被吸引的终将把目光移开。本雅明追求拉西斯也是欲言又止的，他似乎缺乏野心，却因此而保留了几分真诚，像小孩子一样能看到别人看不到的东西。本雅明唯一的武器就是他的不成熟。

我当年的硕士论文研究的是库哈斯的思想。那时候模模糊糊地感觉到库哈斯的理论与本雅明的思想方法有密切的联系。十多年后仔细琢磨，发现库哈斯在《癫狂的纽约》这本书里似乎在替本雅明完成他未竟的事业。比如，二者都是用寓言体，采用一种旁观者的视角，都会为特殊意象赋予特殊含义，行文夹叙夹议，充满了不知所谓的细节刻画，都挪揄嘲讽、危言耸听，以事实对比制造荒诞效果，每个细节都非自身而带有预示意味。最重要的，二者都是一种"回溯式的宣言"，两人都通过追溯现代生活诞生之初的物质条件和文化条件，为现代城市文明撰写"家族史"。本雅明将目光锁定在巴黎拱廊街，库哈斯则瞄准大都市文化的终极象征——曼哈顿。

但两者的不同之处也是一目了然的。库哈斯最不像本雅明的地方，在于他的文本的完整性。《癫狂的纽约》是一本完整的书，不是断简残篇。它的完整首先体现在它的篇幅，洋洋洒洒一厚本，从"史前史"写到"后现代"；其次在于它叙事逻辑的严密，像《红楼梦》一样，这本书的引言部分就交代了全书的结构、主要概念和结论，并大致指明作者的写作意图和文本特征。在行文中，库哈斯几乎让每句话都双关，都充满隐喻，都成为格言，一些固定的符号化意像一再出现，似乎作者毫无节制地将其套用到所有关联事物中，让世界成为一个宿命算式的推演结果。因为作者预设了结论，所以句句紧扣主题，它的缺点也正是"过于精致"。相比之下，本雅明的文本犹豫而漫漶。在极少数相对严密的文本（如《讲故事的人》）中，语气也非常舒缓，总有沉思的痕迹在，像是在娓娓道来。像本雅明自己说的："他的独特之处是能铺陈他的整个生命……让其生命之灯芯由他的故事的柔和烛光徐徐燃尽，这就是环绕于讲故事者的无可比拟的气息的底蕴……在讲故事的人的形象中，正直的人遇见他自己"。

在本雅明的文字中，我们可以发现这样一个纯良、正直、简单的思考者形象，这让他的文字有缅怀和不舍，在情感的映衬下微微发光。同样是回溯，本雅明的拱廊街中弥漫着世纪末孩子眼里的纯真气息，街头卖艺者、西洋镜、袜子、捉迷藏和针线盒，以及再也回不去的童年时光。"韵味"，多么清澈的概念。本雅明内心的镜子没有油污，映照的世界一片清亮。

金秋野

2017 年 1 月 21 日